我的半小时自然时光

奇妙的花

[法]妮科尔·比斯塔雷 著 [法]洛朗斯·巴尔 绘
丁月圆 译

中国画报出版社·北京

本书体例

本书由三部分组成：

干燥

将花朵晾干，并一一夹在厚厚的报纸之间，上面压上重物。

1. 小心地在旧报纸上铺好花朵和叶子，要注意避开报纸的折痕（否则干燥后的花朵标本会不平整），再在上面依次放上报纸、平板和重物。

2. 每两天换一次报纸，直至花朵完全干透。

在将所有花朵夹入报纸中干燥之前，可将特别脆弱的花先选出来，放在一张白纸上（如果是吸水纸就更好了），再夹进去。每次换报纸的时候，再连花带白纸一起夹入新的报纸里。这样能够避免花朵被过多触碰而造成花瓣掉落或标本损坏。

平板

报纸

如果你在报纸里夹了许多不同的花，建议每隔几页报纸就放上一张瓦楞纸，这样能够确保在干燥花朵时有空气流通。

瓦楞纸

04

拼贴

1. 小心地将已经干透的花朵标本放在相应的页面。如果这朵花太大，那就用剪刀把它剪成两段，再分别粘上去；或者直接将超出页面的部分剪去即可。

2. 将标本的几个角用胶带固定住（避免使用透明胶带，它们会随着时间流逝而逐渐发黄，影响观感）。

红车轴草

摘下来的花朵需要完全干透才能够被粘进标本集，否则它们可能会起小鼓包甚至发霉。还记得每种花我们都采摘了 2～3 朵吗？选择你制作得最成功、最漂亮的那朵花收录进来吧！

05

在第一部分，我们会学习如何制作植物标本。如果想要成功的话，记得好好跟着里面的步骤去做哦！另外，我们也会了解更多关于花的构成，什么是濒危珍稀物种等信息——千万注意，可别错摘了受保护的花。

在第二部分，我们会认识 29 种花：左页详细介绍它们的特征和信息，右页共三个栏目，其中上方栏目“植物的故事”是这种花或与其同属和相近属植物的故事。左下栏目“文学作品中的植物”会告诉你这种植物或与其同属和相近属植物在哪些文学作品中出现过。右下栏目为“半小时自然时光”，鼓励你走出家门，寻找这种植物或同属的其他植物，制作标本，或者进行其他活动。

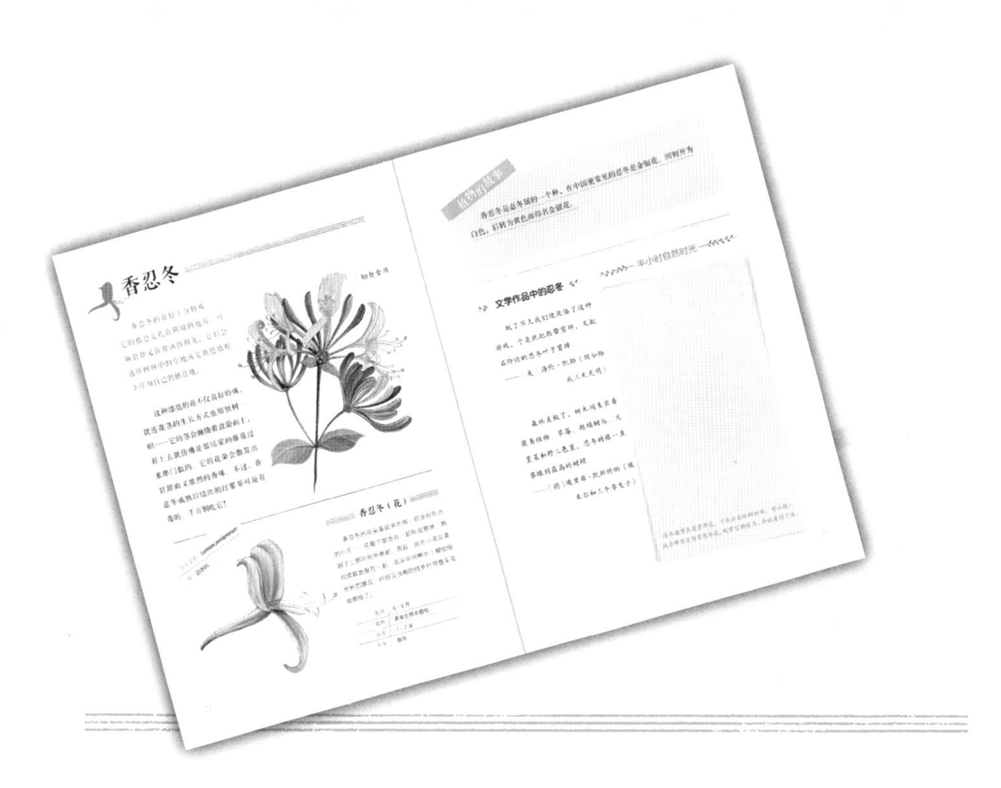

在第三部分，我们还将看到另外 17 种不同的花。同时，书本最后还有一些空白页面——这儿就交给你自由发挥了，你可以随意选取自己喜欢的花粘上去。不过在采摘之前，可别忘了确认一下它们是不是属于濒危物种，以及要记得写下花的名字、发现的时间和地点哦。

目录

如何采集和制作花朵标本

奇妙的花

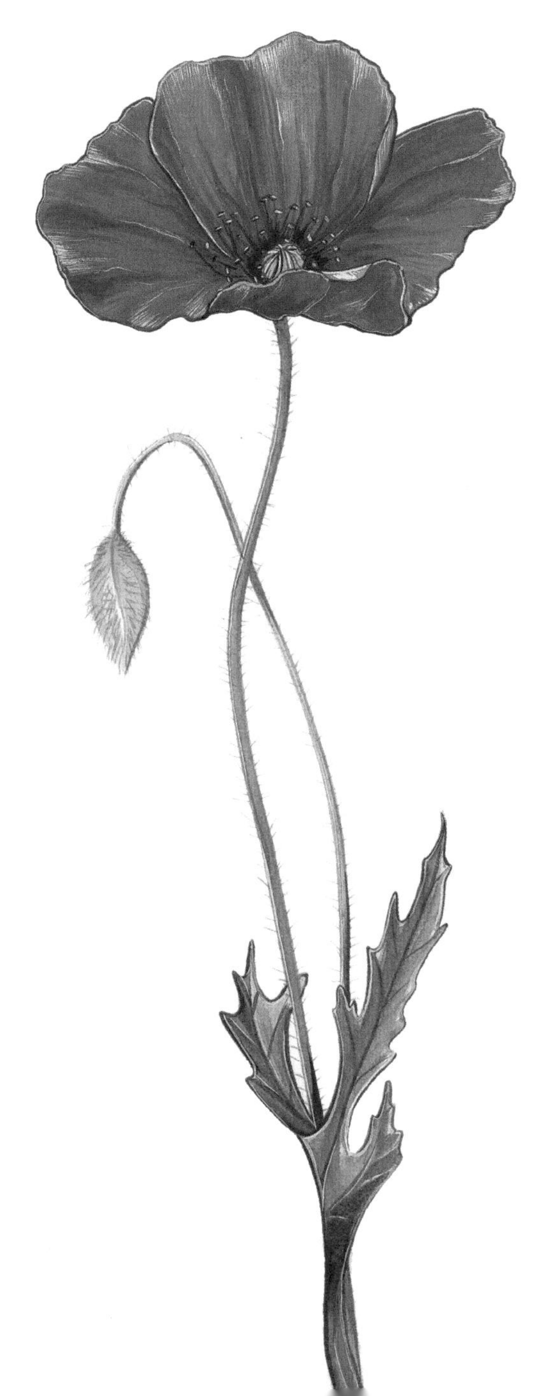

你的专属页面

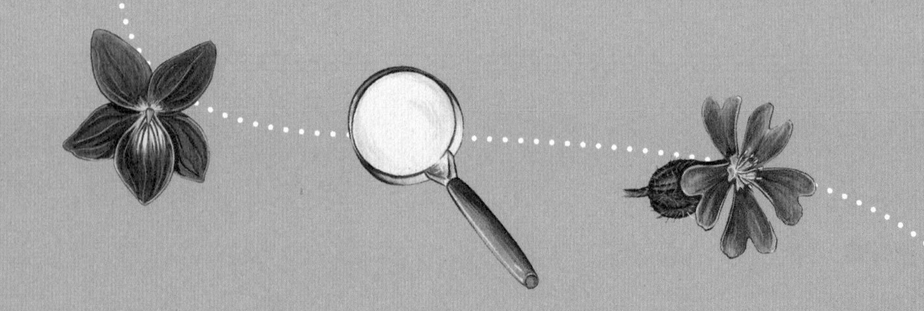

如何采集和制作花朵标本

采集

建议等到花朵上的露水消失了，再开始进行采摘。另外，记得选状态好一些、开放得饱满的花，这样你的标本才会更漂亮！

所需材料

· 植物百科全书
· 笔和笔记本（方便及时记录采集花朵的时间、地点）
· 小塑料袋 / 塑料封口袋若干（分开存放不同的花朵，尤其是特别脆弱、不易保存的种类）
· 小刀 / 美工刀
· 放大镜

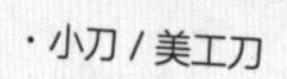

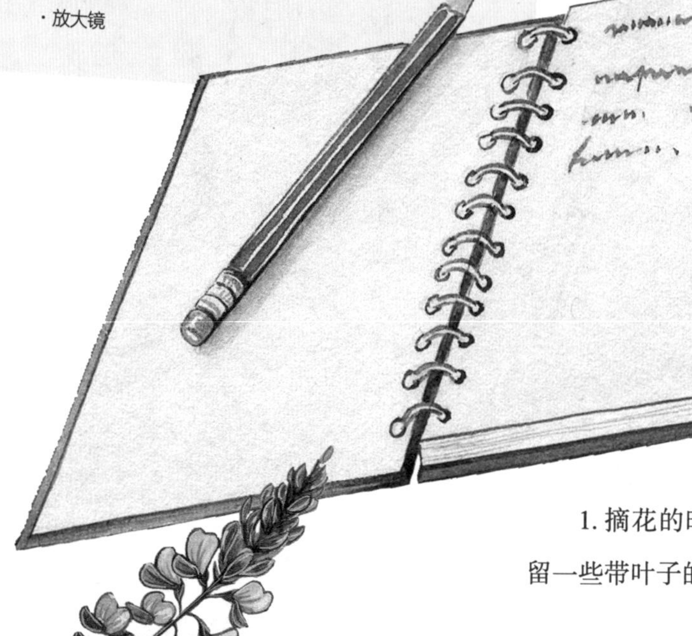

1. 摘花的时候，尽量保留一些带叶子的茎枝。

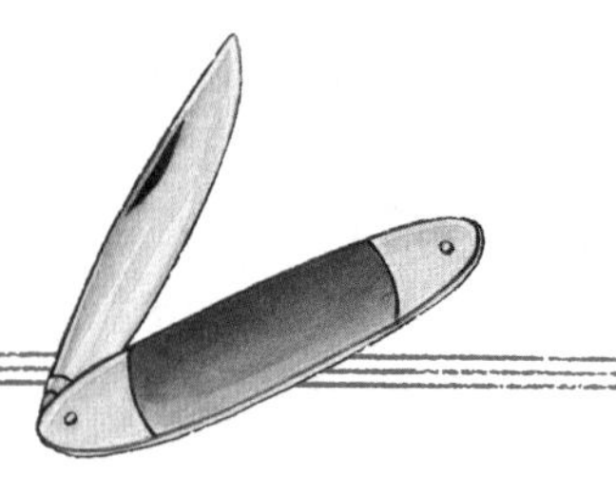

2. 每种花可以摘 2 ~ 3 朵样本并迅速将其放进透明的塑料袋里保存，这样它们就不会太快凋谢和褪色。

有些花的花瓣特别容易掉落，比如虞美人。摘下它们带回家后，记得尽快把它们铺平夹在报纸或书本中间，然后用重物压上。

如果花已经枯萎了，不妨试着将它们放入水中，它们可能会重新焕发生机。但要注意一点：要等到花完全干透了，再夹入书中并用重物压平哦！

注意，有些植物有毒，要避免采食，或者触碰其汁液。

采集花朵并将它们风干，然后分类整理…… 这个过程很花时间，却能够让人感到快乐！散步会变得像寻宝游戏一般有趣且充满惊喜。不知不觉，你就能叫出许多花的名字来。

干燥

所需材料

· 旧报纸（非铜版纸质地）
· 瓦楞纸板
· 平板和重物（词典、桶装矿泉水等）
· 胶带（最好是药店购买的医用胶带）
· 透明塑封纸

将花朵晾干，并一一夹在厚厚的报纸之间，上面压上重物。

1. 小心地在旧报纸上铺好花朵和叶子，要注意避开报纸的折痕（否则干燥后的花朵标本会不平整），再在上面依次放上报纸、平板和重物。

2. 每两天换一次报纸，直至花朵完全干透。

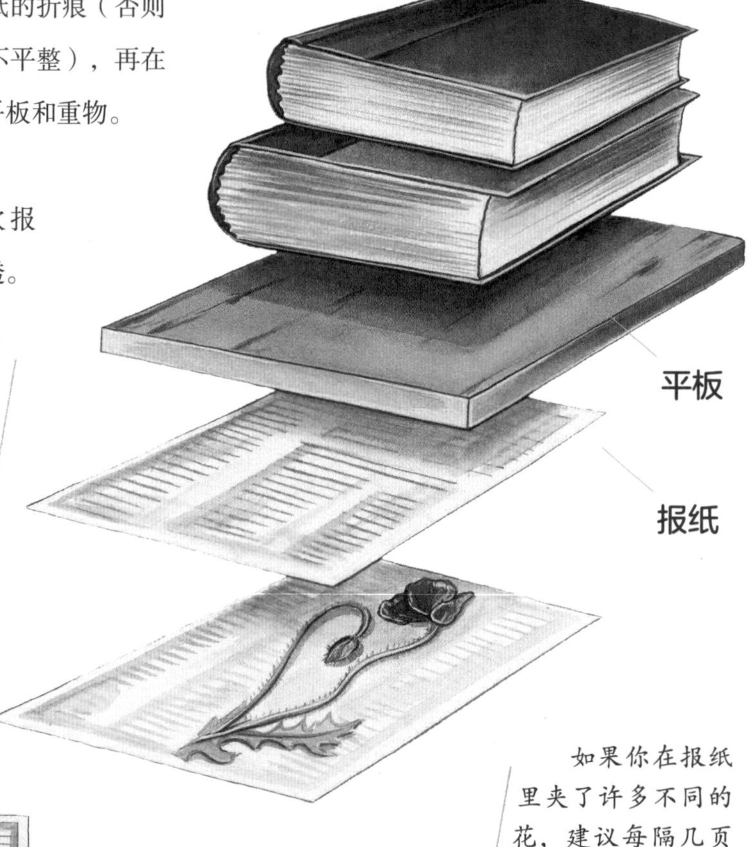

在将所有花朵夹入报纸中干燥之前，可将特别脆弱的花先选出来，放在一张白纸上（如果是吸水纸就更好了），再夹进去。每次换报纸的时候，再连花带白纸一起夹入新的报纸里。这样能够避免花朵被过多触碰而造成花瓣掉落或标本损坏。

如果你在报纸里夹了许多不同的花，建议每隔几页报纸就放上一张瓦楞纸，这样能够确保在干燥花朵时有空气流通。

拼贴

1. 小心地将已经干透的花朵标本放在相应的页面。如果这朵花太大，那就用剪刀把它剪成两段，再分别粘上去；或者直接将超出页面的部分剪去即可。

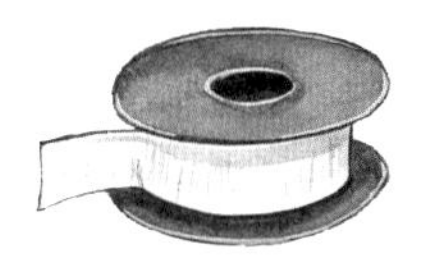

2. 将标本的几个角用胶带固定住（避免使用透明胶带，它们会随着时间流逝而逐渐发黄，影响观感）。

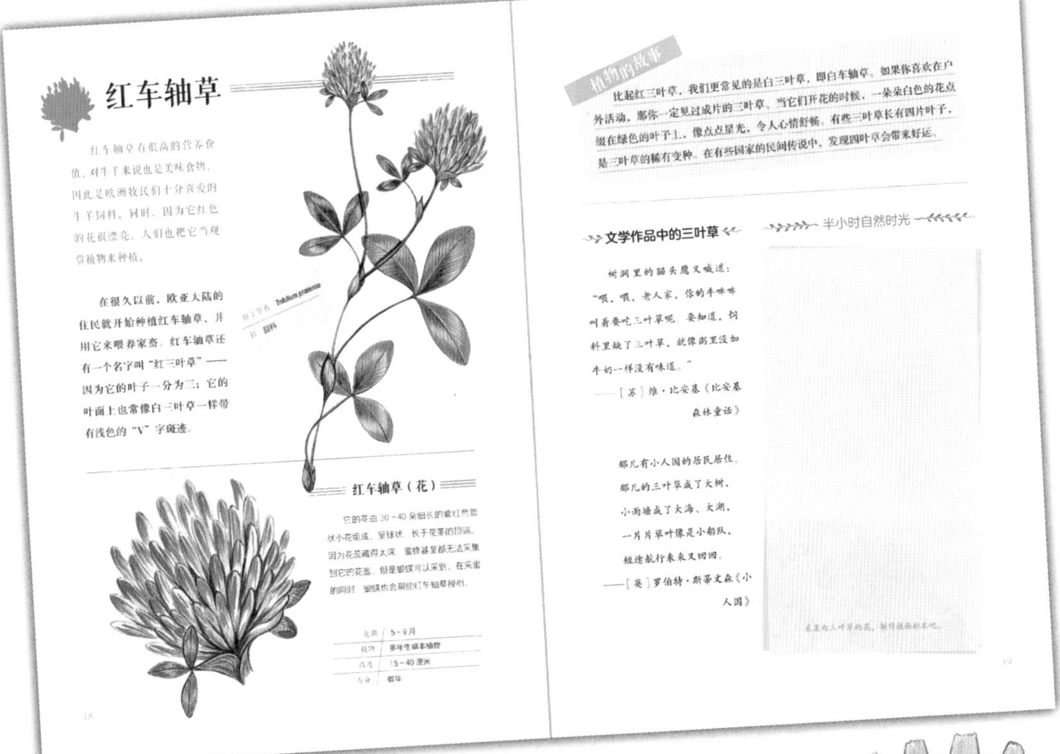

红车轴草

红车轴草有很高的营养价值，对牛羊来说也是美味食物，因此是欧洲牧民们十分喜爱的牛羊饲料。同时，因为它红色的花很漂亮，人们也把它当观赏植物来种植。

在很久以前，欧亚大陆的住民就开始种植红车轴草，并用它来喂养家畜。红车轴草还有一个名字叫“红三叶草”——因为它的叶子一分为三；它的叶面上也常像白三叶草一样带有浅色的“V”字斑迹。

拉丁学名 Trifolium pratense
科 豆科

红车轴草（花）

它的花由 30～40 朵细长的紫红色管状小花组成，呈球状，长于花茎的顶端。因为花蕊藏得太深，蜜蜂甚至都无法采集到它的花蜜，但是蝴蝶可以采到。在采蜜的同时，蝴蝶也会帮助红车轴草授粉。

花期	5～9月
植物	多年生草本植物
高度	15～40 厘米
寿命	数年

18

植物的故事

比起红三叶草，我们更常见的是白三叶草，即白车轴草。如果你喜欢在户外活动，那你一定见过成片的三叶草。当它们开花的时候，一朵朵白色的花点缀在绿色的叶子上，像点点星光，令人心情舒畅。有些三叶草长有四片叶子，是三叶草的稀有变种。在有些国家的民间传说中，发现四叶草会带来好运。

文学作品中的三叶草

树洞里的猫头鹰又喊道：“喂，喂，老人家，你的牛哞哞叫着要吃三叶草呢。要知道，饲料里缺了三叶草，就像粥里没加牛奶一样没有味道。”

——［苏］维·比安基《比安基森林童话》

那儿有小人国的居民居住。
那儿的三叶草成了大树，
小雨塘成了大海、大湖，
一片片草叶像是小船队，
短途航行来来又回回。

——［英］罗伯特·斯蒂文森《小人国》

半小时自然时光

采集白三叶草的花，制作植物标本吧。

19

摘下来的花朵需要完全干透才能够被粘进标本集，否则它们可能会起小鼓包甚至发霉。还记得每种花我们都采摘了 2～3 朵吗？选择你制作得最成功、最漂亮的那朵花收录进来吧！

观察花朵

蜜蜂总是会被花儿们鲜艳美丽的颜色和散发出的香气所吸引，成群结队地前来采集花蜜。它们会飞落到花冠上，采集雄蕊中的花粉。之后如果它们又飞到同种类另一朵花的雌蕊上，这朵花便会受精。受精的雌蕊最终会发育成果实，并结出种子——将这些种子种进土壤里，我们又能和新生的花朵见面了！

雄蕊

雌蕊

花瓣

一片片花瓣聚在一起，构成了花冠。

花朵的花序

花朵有许多不同的生长排列方式。

总状花序

穗状花序

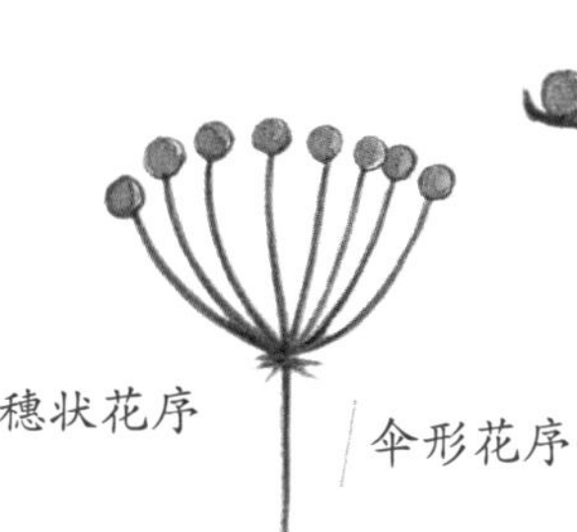

伞形花序

头状花序

花朵单生于叶腋部位（即单生花）

花瓣的形状

以下形态各异的花瓣，你都见过吗？

所有花瓣组成两片唇瓣：上唇较大，具2裂；下唇较小，具3裂（如薰衣草）

一分为二的花瓣（如狗筋麦瓶草）

圆形花瓣（如草甸毛茛）

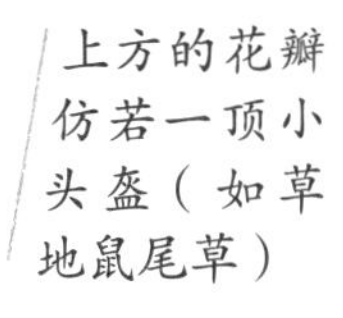

上方的花瓣仿若一顶小头盔（如草地鼠尾草）

细齿状花瓣（如西洋石竹）

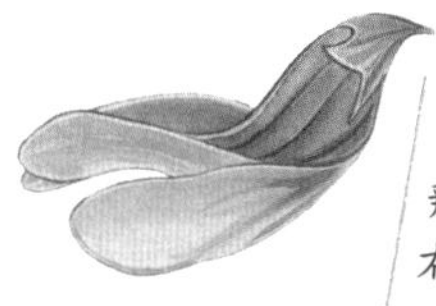

翅膀状花瓣（如广布野豌豆）

管状花瓣（如黄水仙）

漏斗状花瓣（如田旋花）

受重点保护的野生植物：严禁采摘

大自然是脆弱的，有越来越多的花濒临消失。

濒危物种是严禁采摘的。在收集标本的过程中，如果你偶遇了一朵不那么常见的花儿，远远地观赏就好，千万不要动手去摘。或者给这朵花拍张美美的照片吧！将它的美永远定格在这一刻，留作纪念。

野生兰花

如何辨别一朵花

市面上有不少花类百科全书，在这些书里我们都能通过图片找到对应的花的名字。有些百科全书甚至只有口袋大小，放在口袋或是书包里随身携带再方便不过了。有一些百科全书会将花朵按照颜色分类，如白色系、黄色系、粉色或红色系、蓝色系、绿色系，等等，方便我们查询。

是时候拿出你的放大镜了！

你找到了一朵黄色的小花？不妨在黄色系花朵的全家福里找找它吧。注意仔细观察花瓣的形状和数量、叶子的形状、花和叶子的生长分布方式，以及雄蕊的数量（如果能够辨认的话），这些都能够帮助我们准确地叫出这朵花的名字。

辨认完成？那就动手吧！不过摘花的时候可千万要小心，注意尽量避免伤害到邻近的花株，也不要过度采摘。保护大自然是我们每个人义不容辞的责任。

奇妙的花

草甸毛茛（gèn）

草甸毛茛又名普通毛茛。它有着漂亮的金黄色花朵，因此成为了欧洲草原和牧场上一道独特的风景。无论是在平原还是在高山，人们总能在一片绿色中发现这一抹明快的金黄。

草甸毛茛天生自带一股酸酸涩涩的味道，这是因为它体内含有一种有毒的汁液。因此，牧民在放牧的时候，会尽量避免让奶牛误食这种有毒的花。含有太多的草甸毛茛的饲料也会被认定为质量不过关。

草甸毛茛（花）

它的花属于单生花，长在分叉的花茎末端。5 片明黄色的花瓣从中心向四周舒展开来，整朵花就像一枚圆圆的纽扣。而花朵的中心，则是同样为明黄色的雄蕊以及由心皮构成的雌蕊。

花期	5~7月
植物	多年生草本植物
高度	30~80 厘米
寿命	数年

植物的故事

毛茛的英文名是“buttercup”，意为“黄油杯”，它的花朵泛着油光，再加上花朵是黄色的，的确会让人想到黄油。

文学作品中的毛茛

“可那是一只多么可爱的小狗呀！”爱丽丝靠在一棵毛茛上休息的时候，一边这么说着，一边扇着一片树叶，“我真想教它玩游戏，如果——如果我的个头合适的话！噢，天哪！我差点儿忘了我还得长个哪！……”

——［英］刘易斯·卡罗尔《爱丽丝漫游奇境记》

尽管雏菊和毛茛绽放得如此美丽，但是我相信，它们就像我一样，感觉不到几何学对我们的生活有任何作用。

——［英］海伦·凯勒《海伦·凯勒信件集》

半小时自然时光

采集毛茛的花，制作植物标本吧。

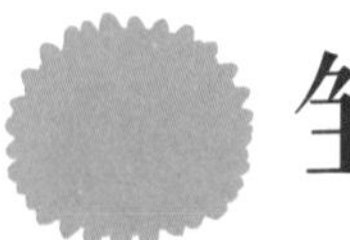

雏菊

别看雏菊个子小小的，生命力却十分顽强。它们能够躲过割草机飞速旋转的刀片，并在它眼皮子底下成功潜入草坪，扎根安家。

雏菊喜爱沐浴在阳光下。在没有太阳的日子里（或是到了晚上），它们就会将花冠闭合起来。所以，记得选个大晴天去采摘雏菊——摘下来之后，也要尽快将它夹进书页并压上重物，这样才能确保我们会得到一朵开得正盛的雏菊标本。另外，在摘花的同时，不妨也将它短短的花茎和上面的叶子一并保留下来。

拉丁学名	Bellis perennis
科	菊科

雏菊（花）

雏菊花的边缘是舌状小花，中心是数根黄色的细管状小花。雏菊的花就是由这样许许多多的小花组成的——这叫作头状花序，是菊科植物的标志之一。

花期	2~11 月
植物	多年生草本植物
高度	3~10 厘米
寿命	数年

植物的故事

雏菊虽然看似不起眼，但它在文艺作品中的地位可不低，神话、童话、诗歌、戏剧、电影中都有它的身影。在古罗马神话中，它是精灵贝尔蒂斯的化身；在莎士比亚笔下，奥菲莉亚戴的花环中就有雏菊；在《安徒生童话》中，有一篇童话就叫《雏菊》。

文学作品中的雏菊

雏菊的黄心看起来也的确像金子；它周围的小花瓣白得像银子。

谁也体会不到，小雏菊心里感到多么幸福！百灵鸟用嘴来吻它，对它唱一阵歌，又向蓝色的空中飞去。足足过了一刻钟以后，雏菊才清醒过来。

——［丹］安徒生《安徒生童话·雏菊》

事情发生在夜里，星星在天上像是一片蒲公英，星星中间的月亮像一朵大雏菊。

——［英］帕·林·特拉芙斯《随风而来的玛丽阿姨》

半小时自然时光

早春时节，在公园里留意一下，你很可能会发现雏菊的身影。仔细观察它，并试着画下它美丽的身影吧。

兴安风铃草

兴安风铃草通常出现在草原和林中空地上，不过在平原和山区也能生存。

这是一种十分优雅的花儿——浅蓝色的“小铃铛们”垂挂在纤细的花茎上，并微微低下头，排列成了轻盈的总状花序。兴安风铃草的叶子不多，稀稀疏疏地沿着花茎生长。当花朵盛开的时候，叶子便开始枯萎。

兴安风铃草（花）

兴安风铃草的花冠形态偏长，顶部裂为5条小舌状。它的绿色萼片也有5瓣，十分纤薄，随着花瓣的走向整齐地分散开来。风铃草在开花之前，一个个花蕾都会昂首挺胸地站在茎上；而一旦花蕾盛开，就纷纷低下头去，十分独特。

花期	6~9月
植物	多年生草本植物
高度	20~50厘米
寿命	数年

植物的故事

传说维纳斯女神有一面充满魔力的镜子，它能将一切平凡化为美丽。丘比特失手将其摔碎，碎片变成了风铃草。

文学作品中的风铃草

她认为植物没有复杂的感情生活。谁听过风铃草伤心欲碎？

——［挪］乔斯坦·贾德《苏菲的世界》

阿松达不愿就此罢休。一天，她对妈妈说："妈妈，我想吃风铃草，今天晚上您让罗西娜到农民的田里去采。"

——［意］伊塔洛·卡尔维诺《卡尔维诺的经典世界》

半小时自然时光

风铃草的花像极了一个个小铃铛。试着动手做一个小铃铛，送给你的朋友。

红车轴草

红车轴草有很高的营养价值，对牛羊来说也是美味食物，因此是欧洲牧民们十分喜爱的牛羊饲料。同时，因为它红色的花很漂亮，人们也把它当观赏植物来种植。

在很久以前，欧亚大陆的住民就开始种植红车轴草，并用它来喂养家畜。红车轴草还有一个名字叫“红三叶草”——因为它的叶子一分为三；它的叶面上也常像白三叶草一样带有浅色的“V”字斑迹。

拉丁学名 *Trifolium pratense*

科 豆科

红车轴草（花）

它的花由 30～40 朵细长的紫红色管状小花组成，呈球状，长于花茎的顶端。因为花蕊藏得太深，蜜蜂甚至都无法采集到它的花蜜，但是蝴蝶可以采到。在采蜜的同时，蝴蝶也会帮助红车轴草授粉。

花期	5～9月
植物	多年生草本植物
高度	15～40 厘米
寿命	数年

植物的故事

比起红三叶草，我们更常见的是白三叶草，即白车轴草。如果你喜欢在户外活动，那你一定见过成片的三叶草。当它们开花的时候，一朵朵白色的花点缀在绿色的叶子上，像点点星光，令人心情舒畅。有些三叶草长有四片叶子，是三叶草的稀有变种。在有些国家的民间传说中，发现四叶草会带来好运。

文学作品中的三叶草

树洞里的猫头鹰又喊道：“喂，喂，老人家，你的牛哞哞叫着要吃三叶草呢。要知道，饲料里缺了三叶草，就像粥里没加牛奶一样没有味道。”

——［苏］维·比安基《比安基森林童话》

那儿有小人国的居民居住。

那儿的三叶草成了大树，

小雨塘成了大海、大湖，

一片片草叶像是小船队，

短途航行来来又回回。

——［英］罗伯特·斯蒂文森《小人国》

半小时自然时光

采集白三叶草的花，制作植物标本吧。

狗筋麦瓶草

狗筋麦瓶草又名白玉草，是原产于欧洲的一种植物，在欧洲分布广泛。无论在平原地区还是山区，人们都能看到肆意生长的狗筋麦瓶草。狗筋麦瓶草在中国主要分布在新疆、内蒙古、黑龙江等地。

要让这种花完全干透，再做成标本可不容易，因为它的花瓣总是蜷缩成一团。不过，这对于它来说再正常不过了：狗筋麦瓶草总是在傍晚时分悄悄舒展它的花瓣，深夜才是它们盛开得最绚烂的时候。

拉丁学名 *Silene vulgaris*

科 石竹科

狗筋麦瓶草（花）

狗筋麦瓶草的花极具辨识度——它就像一个鼓鼓囊囊的羊皮袋，如果你用手背敲打一下，它就会“砰”地爆裂开。它的花瓣是白色的，一共5片，同时每片又各自分裂作两瓣，将花中心数十根雄蕊团团围住保护起来。

花期	6~9月
植物	多年生草本植物
高度	20~50厘米
寿命	数年

植物的故事

与狗筋麦瓶草相似的另一种植物——麦瓶草，在中国更为常见，主要分布在长江流域和黄河流域。麦瓶草开粉色或紫红色的花，生命力非常顽强，而且不怕盐碱化的土地，因此中国科学家在西部地区撒播下麦瓶草的种子，给西部大地披上了绿色。

文学作品中的麦瓶草

钻石角的最高处有开着花的菊苣、阔叶秋麒麟草、金凤花、刺灌木、加拿大田蓟和常春藤。我还在附近看到了白玉草*。

——［美］亨利·戴维·梭罗《一个人的远行》

在同一个科中，或许有一个属，比如石竹属，在这个属中有众多物种很容易杂交；而另外一个属，比如麦瓶草属，人们曾经千方百计地让这个属中两个很相近的物种进行杂交，却无法产生一个杂交品种。

——［英］查尔斯·达尔文《物种起源》

注：白玉草是麦瓶草的别称。文学作品中的植物名称如果是别称，我们仍保留其别称，不做修改。因此这里用白玉草，不改为麦瓶草。下同。

半小时自然时光

采集麦瓶草的花，制作植物标本吧。

香忍冬

香忍冬的喜好十分特殊——它的根总是扎在阴暗的地方，可脑袋却又喜爱沐浴阳光。它们会选择树林中的空地或是篱笆墙根下作为自己的栖息地。

这种漂亮的花不仅喜好特殊，就连花茎的生长方式也很独树一帜——它的茎会缠绕着盘旋而上，看上去就仿佛是邻居家的藤蔓过来串门似的。它的花朵会散发出甘甜而又浓烈的香味。不过，香忍冬成熟后结出的红浆果可是有毒的。千万别吃它！

切勿食用

拉丁学名 *Lonicera periclymenum*

科 忍冬科

香忍冬（花）

香忍冬的花朵看起来仿佛一把迷你形态的小号——花瓣下部合在一起形成管状，而到了上部则向外卷起。而且，这些小花总喜欢成簇地聚在一起，花朵中间伸出 5 根细细长长的雄蕊，纤细又流畅的线条衬得整朵花优雅极了。

花期	6~9月
植物	多年生草本植物
高度	1~2 米
寿命	数年

植物的故事

香忍冬是忍冬属的一个种，在中国更常见的忍冬是金银花。因初开为白色，后转为黄色而得名金银花。

文学作品中的忍冬

玩了不久我们便厌倦了这种游戏，于是就把鞋带剪碎，又把石阶边的忍冬叶子剪掉。

——［美］海伦·凯勒《假如给我三天光明》

森林美极了，树木间生长着蕨类植物、草莓、越橘树丛、犬堇菜和野三色堇，忍冬的藤一直攀缘到最高的树梢。

——［德］埃里希·凯斯特纳《埃米尔和三个孪生子》

半小时自然时光

忍冬通常在夏季开花。下次出去玩的时候，可以找一找你那里是否有忍冬花，观察它的特点，并试着写下来。

药用蒲公英

草地上，路边，甚至是海拔2600米的山区……药用蒲公英的身影几乎随处可见。

蒲公英之所以能在这么多地方生存，一是因为它的根十分坚韧，能够直直地扎入土中；二是因为它的种子自带“小降落伞”，能载着它们飞到很远的地方落地生根。不过，这种毛茸茸的小植物其实在很多地方并不受欢迎——因为它们总能轻易地入侵并快速占领一片土地，难以根除。

拉丁学名	*Taraxacum officinale*
科	菊科

药用蒲公英（花）

蒲公英明黄色的花由中空的花茎支撑着，一旦我们将茎折断，便会流出一种白色的汁液来。它的花是由200～300朵形似花瓣的小花组成的。过了花期，明黄色的花便会化身为一颗毛茸茸的白色小球。我们只要轻轻一吹，它就会四散飞去。

花期	4～6月
植物	多年生草本植物
高度	10～40厘米
寿命	数年

植物的故事

你有没有玩过吹蒲公英的游戏？在通信不发达的古代，曾流传这样的说法：摘一朵由蒲公英种子组成的小绒球，吹三口气，如果能全部吹落，说明妈妈还没有叫你回家，而如果有一部分没吹落，就得赶紧拍拍屁股往家跑！

文学作品中的蒲公英

蒲公英的茸毛像蚂蚁国的小不点儿的降落伞，在使劲吹的一阵人工暴风里，悬空飘舞一阵子，就四下里飞散开，不见了。

——［日］壶井荣《蒲公英》

这些树，这个埠头，这条路，旧围墙里一直还是长满蒲公英，这个铁门多少年没有开过，这间淡紫色的（房子）倩雅，这个浅灰色的则端庄而大方，这些我们全都很熟悉。

——汪曾祺《白马庙》

半小时自然时光

采集蒲公英的花，制作植物标本吧。

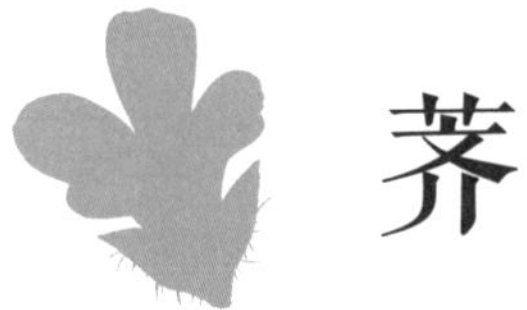

荠

荠又叫荠菜，它的果实鼓鼓囊囊的，依次挂在花茎上，像一把把小扇子。同时，它们也能像盒子一样打开。

这是一种繁殖能力极强的植物：一株荠菜可以产生约5万粒种子！而且它的花和果实会同时生长。另外，虽然它最爱的地方是麦田，但其实在空地上甚至马路边，我们也总能见到它。

荠（花）

荠菜花是白色的，小小的，一朵朵绽开在花茎顶端。它的4片花瓣呈十字形展开，花朵底部的花萼则长着一层茸毛。

花期	一年四季
植物	一年生或两年生植物
高度	20～40厘米
寿命	1～2年

植物的故事

春天的田野里，到处都有荠菜的身影。你采过荠菜吗？吃过荠菜吗？自古以来，中国人就有春天吃荠菜的习惯。许多文人留下了关于荠菜的文章和诗篇。

文学作品中的荠菜

而挖荠菜时的那种坦然的心情，更可以称得上是--种享受：提着篮子，迈着轻捷的步子，向广阔无垠的田野里奔去。嫩生生的荠菜，在微风中挥动它们绿色的手掌，招呼我，欢迎我。

——张洁《挖荠菜》

那时小孩们唱道："荠菜马兰头，姊姊嫁在后门头。"后来马兰头有乡人拿来进城售卖了，但荠菜还是一种野菜，须得自家去采。

——周作人《故乡的野菜》

半小时自然时光

采集荠菜的花，制作植物标本吧。

虞美人

虞美人的花像鸡冠一样红。在纤长的花茎顶端，盛开的花朵摇曳起伏，似少女翩翩起舞。

作为一种美丽的观赏植物，我们经常会在公园里看到虞美人的身姿。野生的虞美人多生长在山里。它们初开花是在夏初，随后步入秋季时，又会迎来第二次盛放。

虞美人的茎秆中含有一种乳白色的汁液，是有毒的，尽量避免接触。

拉丁学名	*Papaver rhoeas*
科	罂粟科

虞美人（花）

它的花冠由4片鲜红色的大花瓣组成，十分壮观。花瓣底部的颜色微微发深，簇拥着中央的黑色雄蕊。在虞美人开花之前，其花蕾由两瓣萼片保护着；一旦开花，萼片也就随之萎缩并掉落。摘下虞美人后，要尽快地将它压在书页中间，因为它的花瓣十分脆弱，难以保存，可能一不小心就会受损。

花期	5~7月
植物	一年生或两年生草本植物
高度	30~60厘米
寿命	1~2年

植物的故事

在中国，流传着关于虞美人的凄婉故事。秦朝末年，楚汉相争，项羽兵败后，其爱妃虞姬拔剑自刎。后来，虞姬身亡之处长出一种植物，纤细的茎上红花摇曳，就像美人在翩翩起舞，人们便称这种植物为“虞美人”。为了表达对虞姬的怀念，人们创作词曲时，常以“虞美人”作为曲名，后来逐渐演变成词牌名。

文学作品中的虞美人

小麻雀死掉了，

虞美人花却红艳艳地开着。

因为虞美人还不知道，

我没有告诉它，

我们悄悄地从虞美人花边走过吧。

——［日］金子美铃《麻雀和虞美人花》

她把虞美人穿成一个花环戴在头上，阳光射来照着它，像火一样红得发紫，成了她那绯红光艳的脸上的一顶炽炭冠。

——［法］维克多·雨果《悲惨世界》

半小时自然时光

采集虞美人的花，制作植物标本吧。

黄花九轮草

黄花九轮草又名莲香报春花、莲馨花，原产于欧洲，是欧洲常见的野花，中国有引种栽培。

这种花喜欢生活在潮湿的草地或森林中——有时茕茕孑立，有时也喜欢三五株聚在一起扎堆而生。在欧洲一些国家，黄花九轮草的叶和花会被用于烹饪。

拉丁学名	*Primula veris*
科	报春花科

黄花九轮草（花）

数十朵小小的花聚集在花茎的顶部，都垂向同一侧开放。五片花瓣整体像小鸡一样黄，底部微微呈橘色，从细长的管状花萼里探出头来，远远看去，就像一个个小铃铛。

花期	4~5月
植物	多年生草本植物
高度	10~20厘米
寿命	数年

植物的故事

黄花九轮草是报春花属植物。全世界约有 500 多种报春花，在中国生长的约有 390 种，占世界总数的 4/5。因此，中国是报春花种类最多的国家。宋代诗人杨万里曾有诗道："始有报春三两朵，春深犹自不曾知。"

文学作品中的报春花

里面长着各种各样的常见花草，其中有紫罗兰、石竹、报春花 、三色堇，夹杂着青蒿、多花蔷薇和各种香草。

——［英］夏洛蒂·勃朗特《简·爱》

但是终于有一天晚上，早春柳树初舒嫩绿，碧草吐出清馨，报春花也开了。

——［俄］普里什文《大自然的日历》

半小时自然时光

早春开放的花都有哪些呢？你有观察留意过吗？试着写下来你的发现。

铃兰

铃兰，花为白色，小小的，像铃铛，也像小钟，芳香四溢，沁人心脾。

铃兰喜欢阴暗、潮湿的环境，所以总躲在花园的阴暗处生长。另外要注意，这种姿态优美、芳香四溢的小花鳞茎含有剧毒！它所含有的毒素即使在水中也能扩散。

拉丁学名　*Convallaria majalis*

科　百合科

铃兰（花）

铃兰纯白色的花朵呈钟状，伴有6片卷曲的小花瓣，如小吊钟一般，一串串地悬挂在花茎的同一侧。包裹着茎秆的是2~3片苞叶——这些苞叶随着花茎一起从地下破土而出，叶片上则布满了平行的脉纹。

花期	4~5月
植物	多年生草本植物
高度	15~30厘米
寿命	数年

植物的故事

欧洲许多国家都有和铃兰相关的故事和传说。法国人在每年的5月1日还有互赠铃兰的传统。这种白色的小花给人们带来很多想象，被赋予了许多含义。许多文学作品中也都有铃兰的身影。

文学作品中的铃兰

不过去年夏天的那棵美丽的车叶草——而且去年这儿还有一棵铃兰花！还有那野苹果树，它是多么美丽！还有那年年都出现的树林胜景——如果这还存在，到现在还存在的话，那么也请它来和我们在一起吧！

——［丹］安徒生《安徒生童话·老栎树的梦》

它们一起跳着舞：蓝色的堇菜花、粉红的樱草花、雏菊花、铃兰花都来了。

——［丹］安徒生《安徒生童话·小意达的花儿》

半小时自然时光

采集铃兰花，制作植物标本吧。

紫花欧石南

这种矮小的灌木喜欢在森林的边缘生长，有时候甚至会铺成一大片，看起来就像彩色的毯子。

拉丁学名	*Erica cinerea*
科	杜鹃花科

紫花欧石南的花茎弯曲且易分叉，上面长着宛如松针一般的小叶子，而这些针状叶的生长方式也很独特——它们会环绕花茎一周，仿佛一枚枚小戒指。当紫花欧石南干燥完毕，拿取它的时候要格外小心，因为针状叶十分容易掉落。为了更好地保存它，不妨用胶带将它牢牢地固定在标本集上。

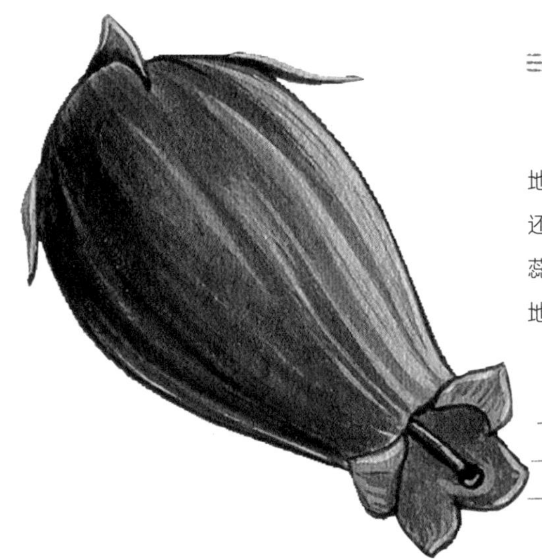

紫花欧石南（花）

它的花是紫色的，身形偏长，总是低低地垂下头去，就像一枚小铃铛。花朵的顶端还开着一个小口。不像别的花，欧石南的雄蕊都藏在花瓣里，只有雌蕊会从开口处小心地探出头来。

花期	7~9月
植物	多年生草本植物
高度	15~75厘米
寿命	数年

植物的故事

欧石南分布于非洲大陆和欧洲，常常在土地贫瘠的高地和荒野开放，独自盛开的欧石南给人一种孤芳自赏、独享孤独的美感。欧石南在英国作家艾米莉·勃朗特的名作《呼啸山庄》中多次出现，贯穿整部小说。

文学作品中的石南

这孩子就老是跟他一起在船里，在森林里欧石南丛生的荒地上，或在伏牛花灌木丛里玩耍。

——［丹］安徒生《安徒生童话·依卜和小克丽斯汀》

石南丛生的乡野点缀着鲜艳的荆豆花，比起伦敦的各种灰黑色调，确实是视觉上的享受。

——［英］柯南·道尔《福尔摩斯探案集·孤身骑车人》

半小时自然时光

欧石南的花密密挨挨的，看上去就像一个个小铃铛。你能试着画下欧石南花一个紧挨着一个生长的样子吗？

匍匐筋骨草

匍匐筋骨草的学名源自拉丁语“abigo”，意为“驱散病痛”。从前匍匐筋骨草是人们常用的药草。

这种花的花茎基部会沿着地面匍匐生长，并蔓延开来，仿佛一张大大的地毯。森林、草原或是潮湿的路边都是筋骨草喜欢待的地方。而忙碌的蚂蚁则是种子搬运工，负责把它的种子运送到不同的地方。

拉丁学名	*Ajuga reptans*
科	唇形科

匍匐筋骨草（花）

筋骨草的花朵为深蓝色，上面分布着浅色的脉纹。花朵会三五扎堆地生长在叶腋处，形成阶梯状的穗状花序。凑近了看，会发现它的花瓣呈唇形——下方是三瓣裂片，上方却几乎空空如也，让内里的花蕊一览无余。

花期	5~6月
植物	多年生草本植物
高度	5~20厘米
寿命	数年

植物的故事

以前，人们如果在地里干活时不小心割破了手，会把筋骨草捣烂敷在伤口上。筋骨草有止血的效果，其他一些野草也可以止血，比如夏枯草、车前草等。

文学作品中的筋骨草

蝶须、卷耳、筋骨草之类的草都很矮小，它们的芽躲藏在积雪下，没有受伤，也没有受损，它们穿着新绿的衣服准备迎接春天。

——［苏］维·比安基《森林报》

上午天很阴沉；下午晴好温暖。蓝色婆婆纳和筋骨草随处可见。金凤花正是长得最高的时候。蒲公英正在播种。地里长着大个的毒菌。

——［英］乔治·奥威尔《奥威尔日记》

半小时自然时光

采集筋骨草的花，制作植物标本吧。

广布野豌豆

山落豆秧是广布野豌豆的另一个名字。早在史前时期，我们的祖先就开始采集这种植物。

这种花的叶子由数排细窄的小叶组成，到了顶端则会滑稽地打一个卷儿。它细瘦的茎秆便于随时倚靠到周围的花草或篱笆上，并沿着它们向上攀爬。我们常在田野中、篱笆上或是树林的边缘见到这种植物。

广布野豌豆（花）

广布野豌豆的每根花茎上都密密地挂着 10～30 朵小花，它们都面向着同一个方向生长。豌豆花的花瓣在开放初期是浅紫色的，随着花朵渐渐枯萎，花瓣的颜色也会逐渐变为蓝紫色。在它的 5 片花瓣中，有一片比其他的都要大上许多，格外出众——植物学家称它为“旗瓣”。

花期	6～8月
植物	多年生草本植物
高度	50～150 厘米
寿命	数年

植物的故事

“采薇采薇，薇亦作止。曰归曰归，岁亦莫止。”《诗经》中的这首《采薇》描写的是戍边未归的战士对家乡的思念，读起来朗朗上口。不过，你知道吗，这里的“薇”便是指野豌豆。除了广布野豌豆外，古人说的野豌豆也包括救荒野豌豆、大花野豌豆等。

文学作品中的野豌豆

就连那阴森的刺柏丛，也从头到脚都缠满了菟丝子和野豌豆秧。

——［俄］普里什文《大自然的日历》

他们飞进一个废弃的鸽房，里面只有满满一盆水和满满一篮子野豌豆。

——［意］卡洛·科洛迪《木偶奇遇记》

半小时自然时光

采集野豌豆或同属植物的花，制作植物标本吧。

香堇菜

花如其名，这是一种香气馥郁的植物。在欧洲，以前人们用它来制作香水。此外，人们也会将香堇菜糖渍来制作美味的小点心。

树林和背阴的草地都是香堇菜喜爱的栖身之处。不爱阳光的香堇菜花常躲在心形的叶片下面悄悄开放，但因为它自带的独特香气，导致它总是很容易被我们发现，无处遁形。在希腊神话中，宙斯为保护一位仙女免受太阳神阿波罗的追逐，将她变作了香堇菜——这或许也是这种花朵不爱阳光的原因之一吧！

拉丁学名	*Viola odorata*
科	堇菜科

香堇菜（花）

香堇菜花由5片深紫色的花瓣构成，很好辨认。其中，下方的花瓣要比其他4片花瓣都大一些，而且向内凹成兜状。每朵花都独立地开在一根茎的顶端，茎的底部则由心形叶片包围。

花期	3~5月
植物	多年生草本植物
高度	5~15厘米
寿命	数年

植物的故事

这是一种在英、法及其他欧洲国家都很常见的植物，在乡间、堤坝、篱笆上都可看到它的身影。19 世纪末，在英国，人们用香堇制作香水。在法国，人们用香堇制作糖浆。美国人则用香堇糖浆制作棉花糖。

文学作品中的堇菜

地面上要有香堇、林石草和月见草，因为这些草芳香宜人，在阴凉处长得很茂盛，在草莽里这里一簇，那里一撮，不要有什么次序。

——［英］培根《培根随笔集》

堇菜日渐凋零，却比天后的眼睑或爱神的气息更甜美。

——［英］威廉·莎士比亚《冬天的故事》

半小时自然时光

香堇菜因它的香气而闻名。春秋战国时的诗人屈原也在其作品中多次提到过各种香草，你能找到这些诗句吗？试着找一找，写在这里。

西洋石竹

西洋石竹又叫三角石竹，得名于它呈三角形的叶子。

在西洋石竹开花之前，我们几乎难以在万花丛中找到它：这种有着细长茎秆和狭窄叶片的植物实在是太不起眼了！西洋石竹更喜欢干燥的生长环境——尤其是在干燥的山区——但它也能在潮湿的地方存活下来。不过，当天气不好的时候，已经盛开的石竹花也会重新闭合起来。

拉丁学名 *Dianthus deltoides*

科 石竹科

西洋石竹（花）

西洋石竹花共有 5 片花瓣，边缘微微呈锯齿状。它的花瓣带有一些白色小斑点，花冠中心有一圈更深一些的粉色。这样奇妙的颜色组合是为了吸引蜜蜂等昆虫前来采蜜，帮它完成传播花粉的任务。

花期	6~9月
植物	多年生草本植物
高度	15~45 厘米
寿命	数年

植物的故事

西洋石竹虽不起眼，不过与它同属的康乃馨（又名香石竹）被人们赋予了许多含义。比如，在西方国家，人们有在母亲节这天赠送康乃馨的传统。另外，人们还会用康乃馨表达对和平的热爱。

文学作品中的石竹

他还用木樨草、石竹、三色堇镶出一道道花边，这些花的种子可以保存到来年。

——［美］弗朗西丝·霍奇森·伯内特《秘密花园》

草原小路上长满了矮矮的、被人们踩倒了的小草，两侧的千里香和泪汪汪的深红色的石竹花给小路镶了边。没有它们就不像是在夏天了。

——［捷］雅罗斯拉夫·赛弗尔特《世界美如斯》

半小时自然时光

仔细观察石竹的花、叶、茎的特点，写一篇观察日记。

百脉根

在有些地方，百脉根也被叫作牛角花，因为它的荚果是长角状的。

百脉根喜欢干燥、阳光充沛的生长环境。别看这种小花总是藏身在路边的草丛中，其貌不扬的样子，它扎入地下的根有时候能达到1米深——这是为了更好地寻找和吸收土壤中的养分。

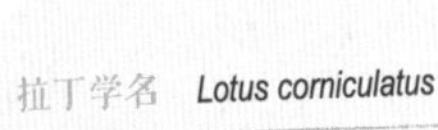

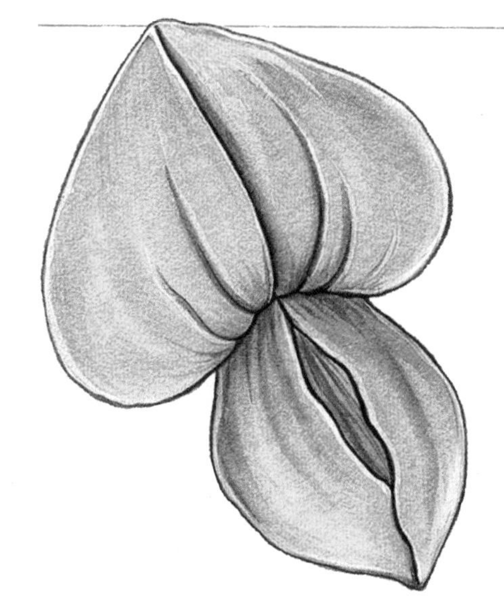

百脉根（花）

从叶腋处长出的花序轴顶端，开着2~8朵金黄色或浅橘色的小花，它们簇拥在一起，就像一顶王冠。每朵花都有一片大的花瓣，与其他花瓣几乎成直角，像一面小旗子一样挺立。

花期	5~9月
植物	多年生草本植物
高度	10~30厘米
寿命	数年

植物的故事

百脉根茎叶柔软多汁，营养丰富，是良好的饲料，许多牲畜喜欢啃食。百脉根是一种豆科植物，能给土壤固氮，改良土壤结构，提高土壤肥力。

文学作品中的牛角花

另一种匍匐生长的草本植物牛角花，黄色的花朵密密麻麻覆在石头布景上，使得冷冰冰的石头都亮丽起来。

——［英］理查德·杰弗里斯《伦敦郊外漫笔》

往事真成牛角花，

余甘幸比虎头蔗。

眼前清景过始知，

身后高名生可怕。

——〔清〕 梅曾亮《东坡定惠院月夜偶出叠韵诗汪均之得其手稿墨迹二首共一纸纸残一角虞山钱宗伯补以细字叠东坡原韵·其一》

（节选）

半小时自然时光

采集百脉根的花，制作植物标本吧。

薰衣草

这是一种大家都再熟悉不过的花。位于法国普罗旺斯的薰衣草花田已经成了当地最具标志性的风景。

薰衣草的适应性很强，能够应对干燥的环境，甚至能在石子路上扎根，且长到1米高。因为它馥郁的香气，薰衣草的花朵常被用来提取精油。将薰衣草干花或是香囊放置在衣柜里，会让你的衣物都染上这种令人安心的气味。

拉丁学名 *Lavandula angustifolia*

科 唇形科

薰衣草（花）

这些蓝紫色的小花总是扎着堆地沿着花茎生长，而花茎底部则分布着窄小的灰绿色叶片，叶片上还带有细小的茸毛。用放大镜仔细观察就会发现，薰衣草的花朵是二唇形：上唇较大，具2裂；下唇较小且向外展开，具3裂。

花期	6~7月
植物	多年生草本植物
高度	50厘米~1米
寿命	数年

植物的故事

“薰衣草是蓝色的，嘀哩嘀哩，薰衣草是绿色的……”是不是觉得在哪里听过这首童谣？这首《薰衣草之歌》原本是英国民歌，后来被收录进著名的儿童读物《鹅妈妈童谣》。迪士尼的电影《灰姑娘》中也曾出现过这首童谣。

文学作品中的薰衣草

薰衣草是蓝色的，滴哩滴哩，薰衣草是绿色的。

当我是国王，滴哩滴哩，你就是王后。

叫醒我的侍女，滴哩滴哩，让他们劳作。

一些人用犁，滴哩滴哩，一些人用叉。

一些人去收干草，滴哩滴哩，一些人去剥玉米。

而你和我，滴哩滴哩，让我们沐浴在阳光下。

——《薰衣草之歌》

半小时自然时光

一些大师级插画家都曾给童谣和儿童文学读物绘制过插画，有的写实，有的充满想象力。你要不要试着给这首《薰衣草之歌》绘一幅插画呢？请展开你想象的翅膀吧！

牛至

我们也叫牛至“满坡香”。在意大利，人们常用它给比萨饼的酱料增加风味，因此牛至也被称作“比萨草”。

牛至从头到脚都散发着一股迷人的香气，那是因为它含有一种特殊的芳香植物油。人们在日常烹饪中常用它的叶子作调味料。另外，用它泡的茶能够刺激人的食欲，同时缓解胃部不适。牛至原产于地中海地区，通常生长在朝阳的斜坡上。

拉丁学名	*Origanum vulgare*
科	唇形科

牛至（花）

浅粉色的牛至花朵密集地生长在花茎顶端。凑近些观察它的花冠，我们会看到每朵花都有 5 片花瓣，呈二唇形，包括上唇（2 裂）和下唇（3 裂）。花朵的中间则是探出头来的 4 根雄蕊。

花期	7 ~ 10 月
植物	多年生草本植物
高度	30 ~ 60 厘米
寿命	数年

植物的故事

牛至因其特殊的香气而深受古希腊人的喜爱。在希腊神话中，牛至的芳香是维纳斯女神赋予的，它能给人带来身体和心灵的愉悦。

文学作品中的牛至

蜜蜂飞东飞西采撷花粉，但酿成的蜜却是它们自己的，就不再是百里香或牛至的了；同样，学生从他人那里借来的东西，经过加工和综合，做成自己的作品，那就是自己的看法。

——［法］米歇尔·德·蒙田《蒙田随笔》

桑乔说："上帝保佑，我再说一遍，但愿那是牛至而不是研布机。"

——［西］塞万提斯《堂吉诃德》

半小时自然时光

除了牛至，你还知道哪些植物被人们用来作调味料？试着在这里介绍其中一种。

药用婆婆纳

在欧洲中世纪时期，药用婆婆纳被视为一种通用万能药。如果将药用婆婆纳浸入水中，会闻到一丝茶香。因此，它在欧洲还有另一个名字——欧洲茶。

药用婆婆纳的形态很特别：它的花茎下部匍匐于地面，上部却保持直立，一朵朵小花自叶腋处开出。另外，它的匍匐茎长有细小的根系，能帮助它蔓延生长。我们有时候会在森林里看到大片的药用婆婆纳，也会在荒原或是干燥的空地上看到它们。

拉丁学名 *Veronica officinalis*

科 玄参科

药用婆婆纳（花）

药用婆婆纳的花朵呈淡蓝色，表面带有深色的脉纹。它一共由 4 片花瓣组成，其中上方的 3 片花瓣大小均等，位于下方的那片则较小一些。花朵中央有两根雄蕊。摘花的时候记得动作轻柔些，摘下来之后也需要尽快将它夹入书页中脱水，因为这种花十分脆弱，很容易破损或凋零。

花期	5~7月
植物	多年生草本植物
高度	15~30 厘米
寿命	数年

植物的故事

据说这种花之所以叫婆婆纳，是因为它的果实很像一个老婆婆在纳鞋底，上边还有针眼的痕迹。以前，在饥荒年代，人们会采集婆婆纳当菜食用。

文学作品中的婆婆纳

小径两旁，女贞树正开花，婆婆纳也在开花，还有犬蔷薇、荨麻和轻盈的树莓，耸立在灌木丛中。

——［法］福楼拜《包法利夫人》

早春有风信子波浪起伏般的紫花，开满了清凉的幽谷……还有鲜艳的白屈菜，蓝色的婆婆纳，浅紫与金黄色的鸢尾花。

——［英］奥斯卡·王尔德《西班牙公主的生日》

半小时自然时光

看似柔弱的婆婆纳，却有着强大的繁殖力，在田埂地头、山间小径都很容易发现它们。试着找一找婆婆纳，做一个植物标本。

贯叶连翘

如果透过光观察贯叶连翘的叶子，我们就会发现，这些叶子看起来仿佛是被小针戳了许多孔似的。

这种植物十分常见，无论是在平原还是在山区，在路边甚至在荒地里，你都有可能遇到它。贯叶连翘经常呈丛状生长，最高可长到1米。它的叶子也并非被小针戳了孔，而是长着许多腺点，里面包裹着透明的植物精油。

拉丁学名 *Hypericum perforatum*

科 藤黄科

贯叶连翘（花）

贯叶连翘的花像一朵小小的金黄色五角星，花心的多束雄蕊能长到和花瓣一样长。神奇的是，尽管花朵本身是金黄色的，但如果拿几朵花在白纸上摩擦，则会留下暗红色的痕迹——这是因为贯叶连翘花含有红色素。

花期	6～9月
植物	多年生草本植物
高度	30～90厘米
寿命	数年

植物的故事

贯叶连翘又名圣约翰草，据说这种植物的开花日期刚好是使徒圣约翰的殉道日。以前的人们会在圣约翰日这天采集贯叶连翘的花来辟邪。

文学作品中的贯叶连翘

地球之上的这一方小小的土地，在我种植豆子以前，长出来的都是些迷人的野花，结出来的也都是甜美的野果，像洋莓啦、黑莓啦、贯叶连翘啦，等等。

——［美］亨利·戴维·梭罗《瓦尔登湖》

贯叶连翘，又叫山羊草、圣约翰草，原生地为欧洲，随早期欧洲西迁移民进入美洲大陆。

——［美］蕾切尔·卡逊《寂静的春天》

半小时自然时光

采集贯叶连翘的花，制作植物标本吧。

春番红花

春番红花又名紫番红花、荷兰番红花。要注意和同属的番红花（又叫藏红花）区别开。番红花在秋季开花，可以用于烹饪，为食品调味和上色。

春番红花在早春就会盛放，皑皑白雪中，大片的春番红花怒放，十分壮丽。同时，这也是一种在法国受保护的珍稀植物，不能随意采摘。不妨在花园里摘一朵与之十分形似的番红花，然后收入你的标本集吧！

拉丁学名 *Crocus vernus*

科 鸢尾科

春番红花（花）

它的花茎十分短粗，每根花茎的顶端只会开一朵花，看上去就像一只线条优雅的高脚杯。春番红花共有 6 片长形花瓣，颜色通常是白色，偶尔也能遇到更为罕见的紫色。根据天气的不同，它们开放的程度也不尽相同，有时也会半开半掩，将 3 根美丽的橘色雄蕊藏在花心里。

花期	3~4月
植物	多年生草本植物
高度	8~15 厘米
寿命	数年

植物的故事

与春番红花形似的番红花，原产于亚洲西南部地区，据说是沿着丝绸之路传入中国，又因为清朝时主要是从西藏传入内地，因此又叫藏红花。藏红花的柱头是一种调味料和香料，非常昂贵。

文学作品中的番红花

各种好看的花儿都来了，于是一个盛大的舞会就开始了。蓝色的紫罗兰就是小小的海军学生：它们把风信子和番红花称为小姐，跟她们一起跳起舞来。

——[丹]安徒生《安徒生童话·小意达的花儿》

三月一到，森林里便充满春天的气息，番红花、雪片莲、紫堇点缀着林间空地，绿意爬上枝头，印第安猎人欢快的歌声开始在林中回荡。

——[加]欧内斯特·汤普森·西顿《西顿动物记》

半小时自然时光

在这里画下春番红花美丽的身姿。

草地鼠尾草

鼠尾草的学名在拉丁语中的意思是“能救命的”，因为以前的人们会用它来治疗各种疾病。

拉丁学名 *Salvia pratensis*

科 唇形科

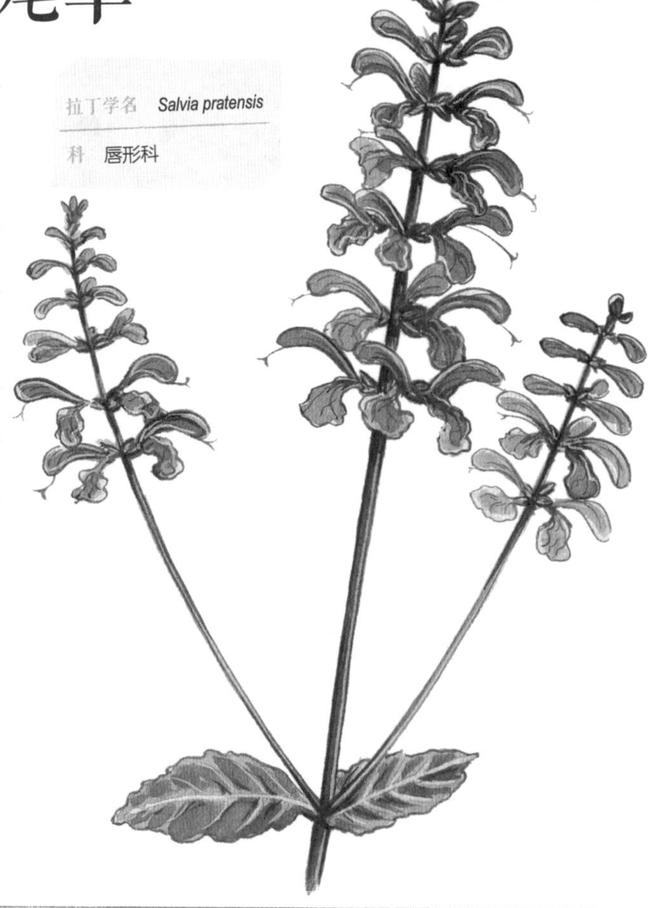

这种花笔直的花茎上带着一层短茸毛，摸上去还有些黏黏的，顶端则生长着硬直的小短枝。草地鼠尾草喜爱温暖的气候，且能应对十分干燥的环境——因为它的根能够深深地扎入地下汲取水分。它们通常生长在路边的花坛、广袤的草地或是斜坡上。

草地鼠尾草（花）

草地鼠尾草的花是紫罗兰色的，围绕着花茎开成一圈，看起来像一个指环，每圈“指环”之间又留有一定的距离，一直开到花茎顶端。它不规则的花瓣形成二唇，站立在上方的上唇瓣微微弯曲，仿佛一顶防护帽。

花期	5~7月
植物	多年生草本植物
高度	20~60厘米
寿命	数年

植物的故事

古罗马时期，人们视鼠尾草为神圣植物，摘取时必须遵循一定的礼仪。被指定去采收的人要准备面包和葡萄酒作为贡品，然后沐浴清洁，穿上白色的短袖衣袍，赤足采摘。药用鼠尾草被称作“穷人的香草”，是欧洲十分古老的药用植物，已有1000多年的使用历史。鼠尾草在中国古代也曾入药，起到消炎止痛的作用。

文学作品中的鼠尾草

“不喜欢，你知道我不喜欢，”劳拉回答，“我不喜欢吃鼠尾草。我们要拿洋葱做填料。”

——［美］罗兰·英格斯·怀德《草原上的小木屋》

公园管理员全不理他。他继续发疯地又拔又扔又叫：“亨利藜！风铃草！鼠尾草！香根芹！芝麻菜！罗勒草……”

——［英］帕·林·特拉芙斯《神奇的玛丽阿姨》

半小时自然时光

采集鼠尾草的花，制作植物标本吧。

亚洲百里香

亚洲百里香的叶片带有浓烈的、仿佛柠檬一般的香味。

这是一种在欧洲和亚洲都随处可见的花。它喜欢阳光灿烂的地带，尤其喜爱在干燥、多石的地方生长。不过，即使是在冰岛、格陵兰岛甚至喜马拉雅山上 4500 米的地方，我们也能见到它的身影。

拉丁学名	*Thymus serpyllum*
科	唇形科

亚洲百里香（花）

亚洲百里香的花为粉色或淡紫色，常扎堆地开在叶腋处或是花茎的顶端，聚成一捧。和其他唇形科的花一样，它花冠的上唇如同一顶圆圆的小风帽。

花期	6 ~ 9 月
植物	多年生草本植物
高度	5 ~ 30 厘米
寿命	数年

植物的故事

人们使用百里香属植物的历史悠久。古埃及人在制作木乃伊时，会使用百里香属植物做防腐剂。春天，古希腊人会在沐浴时往水里加入牛至和百里香属植物，希望驱除杂病，赶走悲伤。

文学作品中的百里香

在我家乡的灌木丛中，在百里香和薰衣草盛开之时，蟋蟀不乏其应和者：百灵鸟飞向蓝天，展放歌喉，从云端把其美妙的歌声传到人间。

——[法]让-亨利·法布尔《昆虫记》

这是一片有些潮湿的草地，上面有柳树，还有各种芳香植物，比如百里香、欧百里香、罗勒、风轮菜以及其他唇形科的各种香草，它们在空气中散发着香气，这些植物全是兔子爱吃的东西。

——[法]儒勒·凡尔纳《神秘岛》

半小时自然时光

采集百里香的花，制作植物标本吧。

野勿忘草

勿忘草属植物的花语代表的是“勿忘我”的意思。但它的拉丁名“*Myosotis*”却十分有意思，译成中文是“老鼠的耳朵”——这个名字取自它老鼠耳朵形状的小花瓣。

这种开着蓝色小花的植物非常漂亮，喜欢生长在干燥的田地或路边。将它进行干燥的时候也需要格外小心，因为它的花瓣很容易掉落。

拉丁学名	*Myosotis arvensis*
科	紫草科

野勿忘草（花）

野勿忘草的花瓣是海蓝色的，花中间则是明快的黄色的花蕊，形成了鲜明的对比，十分好看。它的花朵直径只有2~5毫米，有5片几乎是一样大小的圆圆的小花瓣，十分纤小脆弱，总是成簇开放。整朵花的形状看上去仿佛一盏迷你高脚酒杯。

花期	4~8月
植物	多年生草本植物
高度	30~80厘米
寿命	1~2年

植物的故事

传说一对恋人在湖畔散步，女子看到对岸绽放的蓝色花朵摇曳生姿，心生喜爱，想采摘一捧入怀。她的骑士跳入水中，游到对岸，采到了美丽的花朵，可突然风暴来袭，骑士被卷了进去，他拼力将花朵抛给岸上的恋人，并用最后力气说了一句“forget me not”（勿忘我）。人们便把这种花叫勿忘草。

文学作品中的勿忘草

她系着一条黄金打造的腰带，上面雕刻着精细的荷花，间或装饰着勿忘草的蓝色花心。

——［英］J.R.R. 托尔金《魔戒》

伯比的棕色头发上别着一个“勿忘我”的花环，是妈妈亲手为她戴上的。

——［英］伊迪丝·内斯比特《铁路边的孩子们》

半小时自然时光

采集勿忘草的花，制作植物标本吧。

北葱

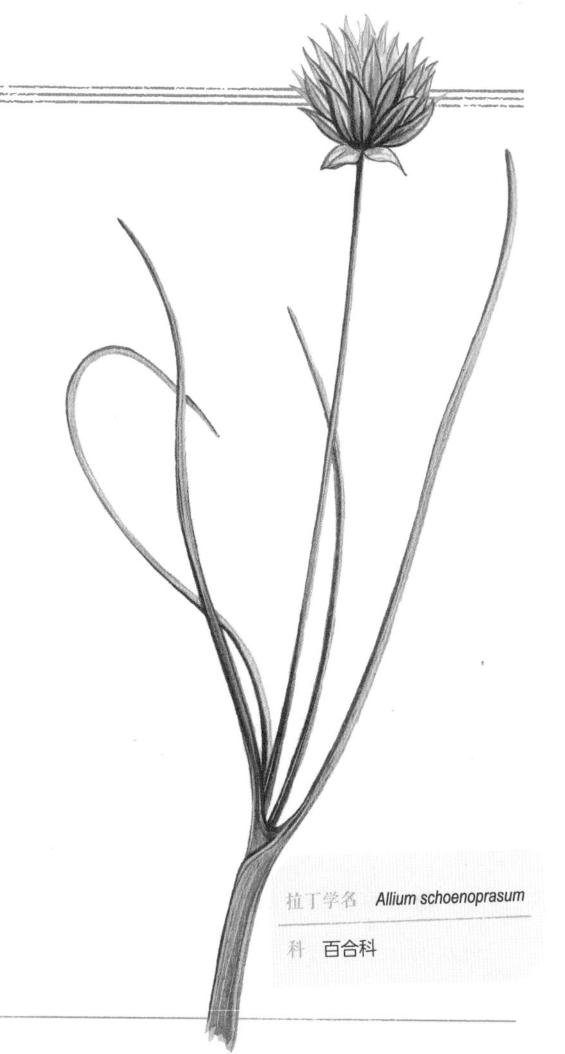

北葱，又名虾夷葱、法葱，其细长中空的管状叶子带有好闻的香味。将它切碎撒在食物上，便能为这道菜增味不少。

这种植物由数颗球茎组成，每颗球茎上都长着一簇细长的葱叶。北葱在秋天会凋零，但在气温发生变化的时候又会复苏：比如在寒冬结出第一道冰的时候；抑或是春回大地，第一缕温暖的阳光照射下来的时候。试着在山坡上或是菜园里找找它吧！

拉丁学名	*Allium schoenoprasum*
科	百合科

北葱（花）

北葱的花由6片纤弱的尖头花瓣构成，十分小巧，花瓣底部紧紧相连。许多朵小花聚生在花茎顶端，形成深粉色的球形花序。

花期	6~9月
植物	多年生草本植物
高度	20~30厘米
寿命	数年

植物的故事

葱原产于中国。传说，葱是神农尝百草时发现的一味草药。由于在日常饭菜中经常使用，属于百搭类的作料，所以它又被称为“和事草”。

相比于葱，北葱更细，开的花不是白色，而是浅紫色。北葱的味道更柔和一些，没有葱标志性的辛辣味道。

文学作品中的葱

“请呀请呀！”他指着辣椒酱和大饼，恳切的说，“你尝尝，这还不坏。大葱可不及我们那里的肥……”

——鲁迅《故事新编》

瓦盆麦饭伴邻翁，
黄菌青蔬放箸空。
一事尚非贫贱分，
芼羹僭用大官葱。

——〔宋〕陆游《葱》

半小时自然时光

去野外的时候，观察所在地的葱有什么特点，比你平时吃的葱葱白部分是否更多，叶子是否更细。收集采摘葱，做一个植物标本。

田旋花

这种花可是令园丁头痛不已的噩梦！它会偷偷潜入花园，并在短时间内爬得到处都是，有时候甚至会妨碍其他植物的生长。

拉丁学名	*Convolvulus arvensis*
科	旋花科

田旋花的茎长在地下，虽然十分容易被折断，但在折断后却依然能维持很久的生命。哪怕只剩下1厘米的一小截茎，只要将它扔在土里，它就能以逆时针盘旋生长的方式，快速攀绕上周遭的植物，重新生根发芽开花。我们在田地里、山坡上和花园里很容易就能找到它。

田旋花（花）

田旋花的花为粉色或白色，形似一枚小漏斗，花瓣边缘微呈波浪形。它会在早上7~8点盛放，到了下午1~2点闭合花瓣。因此，建议早上采摘田旋花，摘下来之后也记得尽快进行干燥处理哦！

花期	6~9月
植物	多年生草本植物
高度	30厘米~1米
寿命	数年

植物的故事

你知道田旋花有多顽强吗？田旋花又名野牵牛、拉拉菀、昼颜。虽然田旋花娇小美丽，但却令园丁和农夫头疼不已，因为它有着旺盛的生命力。每一棵田旋花都能产生约600粒种子，而且即使种子被埋得太深，当年不能发芽，但之后只要有机会，即使是等40年之久，这些种子也会随时复苏。

文学作品中的旋花科植物

野牵牛，爬高楼；

高楼高，爬树梢；

树梢长，爬东墙；

东墙滑，爬篱笆；

篱笆细，不敢爬，

躺在地上吹喇叭：嘀嘀嗒！嘀嘀嗒！

——金波《野牵牛》

那娇俏的红色和白色是野牵牛，或曰打碗花，因无所支撑而在扭动腰身攀缘爬附。它总是让我想起高脚酒杯，满溢晨间清氛，折射出晶莹的露珠。

——[美]亨利·戴维·梭罗《四季之歌》

半小时自然时光

去野外的时候仔细观察田旋花的茎叶，并采摘花来做植物标本。

欧锦葵

在古希腊和古罗马时期，欧锦葵曾被欧洲人当作食物。

欧锦葵的果实呈扁球状，看起来就像一颗小干酪，是可食用的。这也是一种十分容易干燥的花，因为它能够很好地展开、铺平，便于夹入旧报纸或是书页中。欧锦葵和锦葵非常相似，区别在于前者的果实表面无毛，而后者覆盖着一层茸毛。

欧锦葵（花）

欧锦葵的花朵形状十分规则，颜色为紫色或紫罗兰色。它的5片花瓣边缘各有一个小小的缺口，底部联结在一起，花瓣上分布着深色的脉纹。它的雄蕊群呈柱状，由多条雄蕊的花丝合生而成。

花期	6~9月
植物	多年生草本植物
高度	20厘米~1.2米
寿命	数年

植物的故事

相比于欧锦葵，锦葵在中国更为常见。锦葵的叶子嫩滑，可以做汤。在中国古代，人们把跟锦葵口感相似的植物都称为葵，如蜀葵、冬葵、黄葵等。

文学作品中的锦葵

五彩的奇花像是锦葵，

苔藓里面绽出的奇蕊！

——［德］歌德《浮士德》

锦葵树树开皆好，

木槿朝朝色可怜。

径蝶蕊香俱散乱，

近人花朵更鲜妍。

虫丝罥蕊何无赖，

蜂嘴噙香便落魂。

整日花前勤打点，

抚摩佳树作儿孙。

——〔清〕李寄《闲居》

半小时自然时光

采集锦葵的花，制作植物标本吧。

黄水仙

黄水仙原产于欧洲，中国有引种栽培。

当大片黄水仙盛放时，远远望去宛如一张金黄色的地毯。它们尤为喜爱潮湿、背阴的生长环境。黄水仙的开放预示着春天的到来，但如今，野生的黄水仙已经越来越少了。

黄水仙（花）

黄水仙的每根花茎顶端只会开出一朵花，且没有其他多余的叶片生长。这也是一种极具辨识度的花：管状副花冠呈金色，周围则由6片颜色稍浅的花瓣状结构包裹。

花期	3~4月
植物	多年生草本植物
高度	15~25厘米
寿命	数年

植物的故事

纳西塞斯（Narcissus）是希腊神话里的美少年。有一天他来到森林里的湖边，看到自己在水中的倒影有着一张完美的面孔，惊为天人，此后他深深地爱上了自己的倒影，每天坐在湖边欣赏，最终死在湖边。后来他常坐着的湖边，开出一丛丛美丽的小花，这些小花就被命名为 narcissus，也就是水仙花。

文学作品中的水仙

我想，黄水仙、雪花莲、百合和蝴蝶花会从黑暗中钻出来，开满一地。

——［美］弗朗西丝·霍奇森·伯内特《秘密花园》

我独自像一片白云在游荡，

飘浮在幽谷山岩上，

蓦然间当我回首一看，

一片片水仙花金光璀璨。

——［英］威廉·华兹华斯《咏水仙》

半小时自然时光

白色的水仙是中国十大名花之一。养一盆水仙花，观察它的生长特点，写下你的观察日记。

你的专属页面

认识更多的花

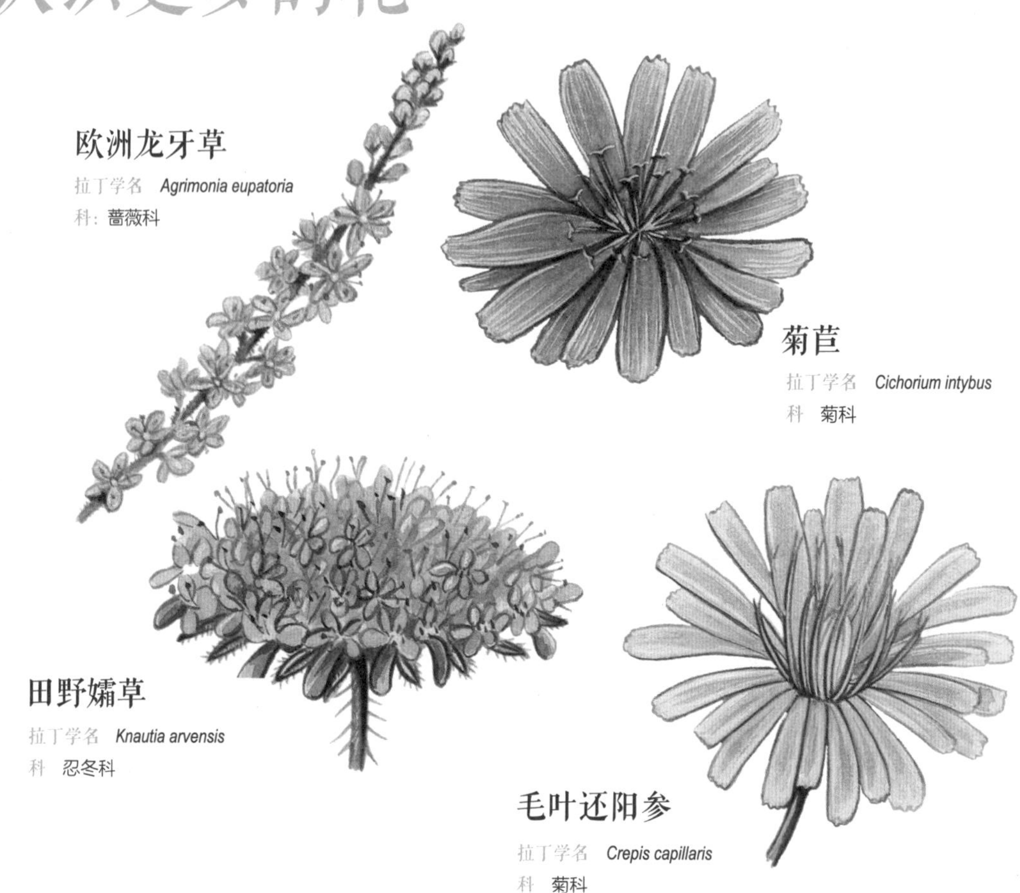

欧洲龙牙草

拉丁学名 *Agrimonia eupatoria*

科：蔷薇科

菊苣

拉丁学名 *Cichorium intybus*

科 菊科

田野孀草

拉丁学名 *Knautia arvensis*

科 忍冬科

毛叶还阳参

拉丁学名 *Crepis capillaris*

科 菊科

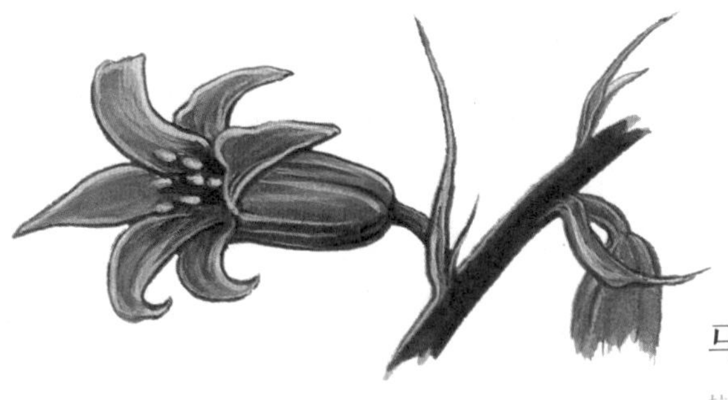

蓝铃花

拉丁学名 *Hyacinthoides non-scripta*

科 天门冬科

马鞭草

拉丁学名 *Verbena officinalis*

科 马鞭草科

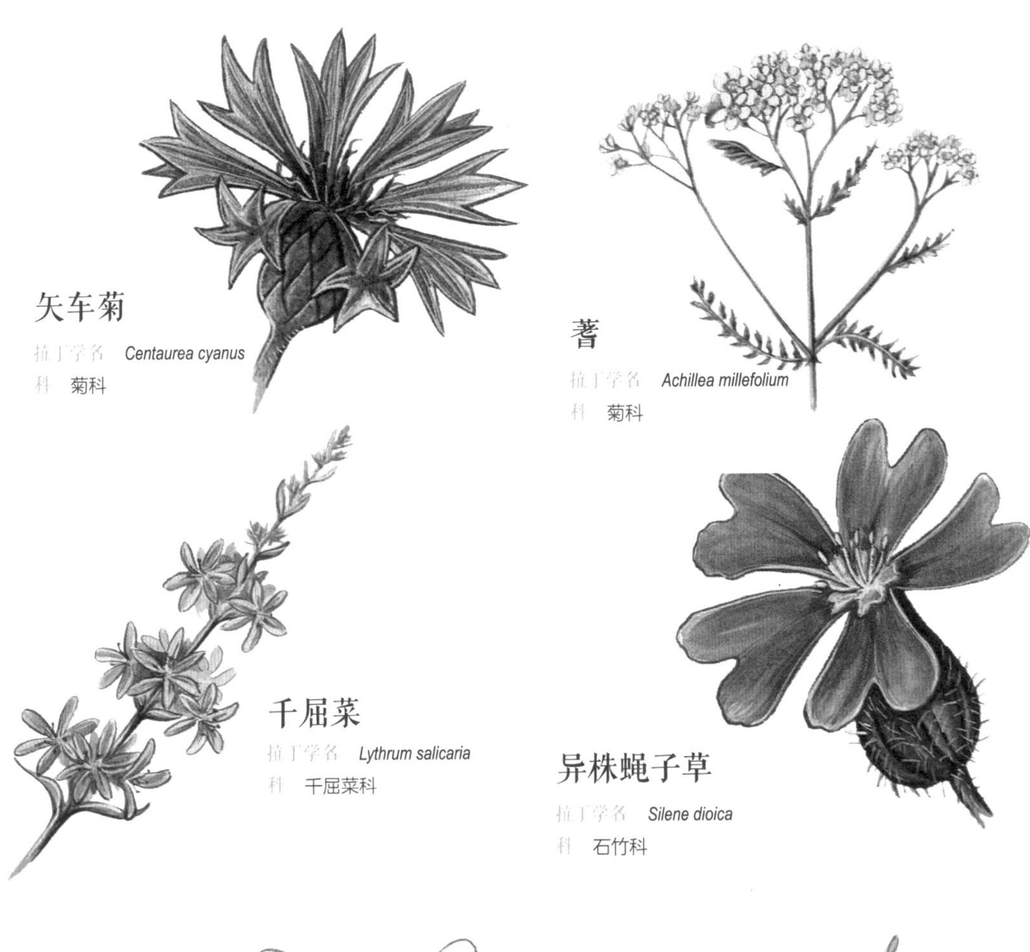

矢车菊

拉丁学名 *Centaurea cyanus*

科 菊科

蓍

拉丁学名 *Achillea millefolium*

科 菊科

千屈菜

拉丁学名 *Lythrum salicaria*

科 千屈菜科

异株蝇子草

拉丁学名 *Silene dioica*

科 石竹科

腺毛繁缕

拉丁学名 *Stellaria nemorum*

科 石竹科

驴食草

拉丁学名 *Onobrychis sativa*

科 豆科

蓬子菜

拉丁学名 *Galium verum*

科 茜草科

母菊

拉丁学名 *Matricaria chamomilla*

科 菊科

匍匐委陵菜

拉丁学名 *Potentilla reptans*

科 蔷薇科

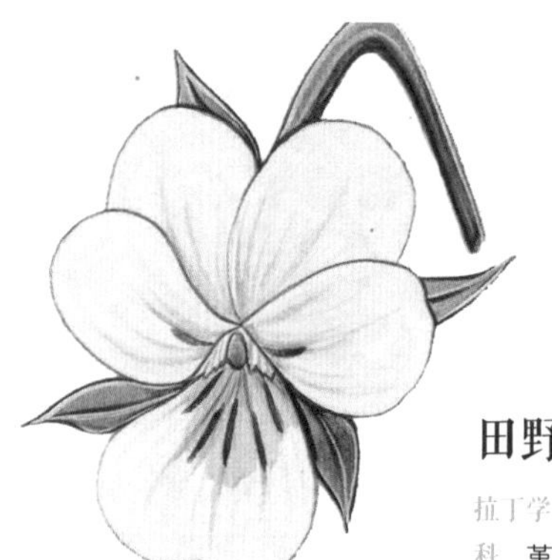

田野堇菜

拉丁学名 *Viola arvensis*

科 堇菜科

草甸碎米荠

拉丁学名 *Cardamine pratensis*

科 十字花科

你的专属页面

Text by Nicole Bustarret and illustrations by Laurence Bar

我的半小时自然时光

神秘的树

[法] 妮科尔·比斯塔雷 著 [法] 洛朗斯·巴尔 绘
丁月圆 译

中国画报出版社·北京

本书体例

本书由三部分组成：

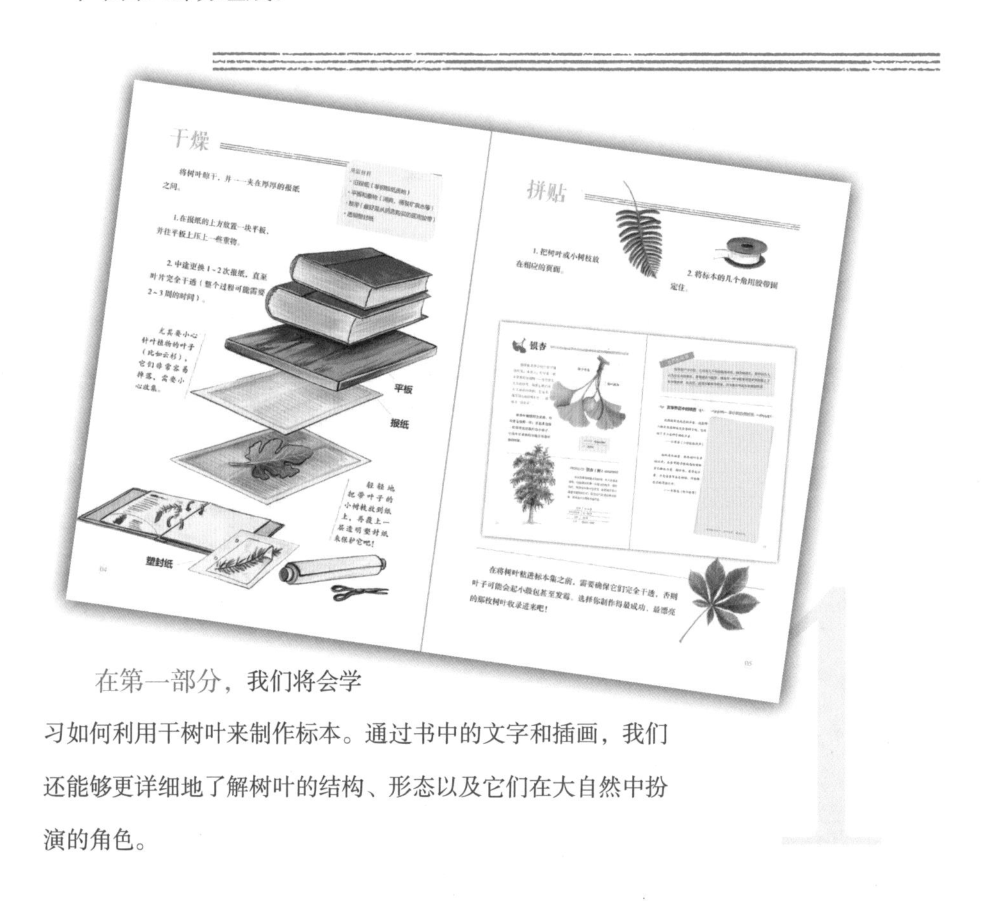

干燥

将树叶晾干，并一一夹在厚厚的报纸之间。

1. 在报纸的上方放置一块平板，并往平板上压上一些重物。

2. 中途更换 1~2 次报纸，直至叶片完全干透（整个过程可能需要 2~3 周的时间）。

尤其要小心针叶植物的叶子（比如云杉），它们非常容易掉落，需要小心收集。

平板

报纸

轻轻地把带叶子的小树枝放到纸上，再覆上一层透明塑封纸来保护它吧！

塑封纸

04

拼贴

1. 把树叶或小树枝放在相应的页面。

2. 将标本的几个角用胶带固定住。

银杏

在将树叶粘进标本集之前，需要确保它们完全干透，否则叶子可能会起小鼓包甚至发霉。选择你制作得最成功、最漂亮的那枚树叶收录进来吧！

05

1

在第一部分，我们将会学习如何利用干树叶来制作标本。通过书中的文字和插画，我们还能够更详细地了解树叶的结构、形态以及它们在大自然中扮演的角色。

在第二部分，我们会认识 29 种树。左页详细介绍这些树的特点和习性。右页共三个栏目，其中上方栏目“植物的故事”是这种树或与其相同属和相近属植物的故事，左下栏目“文学作品中的植物”会告诉你这种植物或与其相同属和相近属植物在哪些文学作品中出现过。通过这种方式，希望你下次在阅读时碰到它们，能想象出来植物们长什么样子。右下栏目为“半小时自然时光”，鼓励你走出家门，寻找这种植物或同一属的其他植物，制作标本，或者进行其他活动。

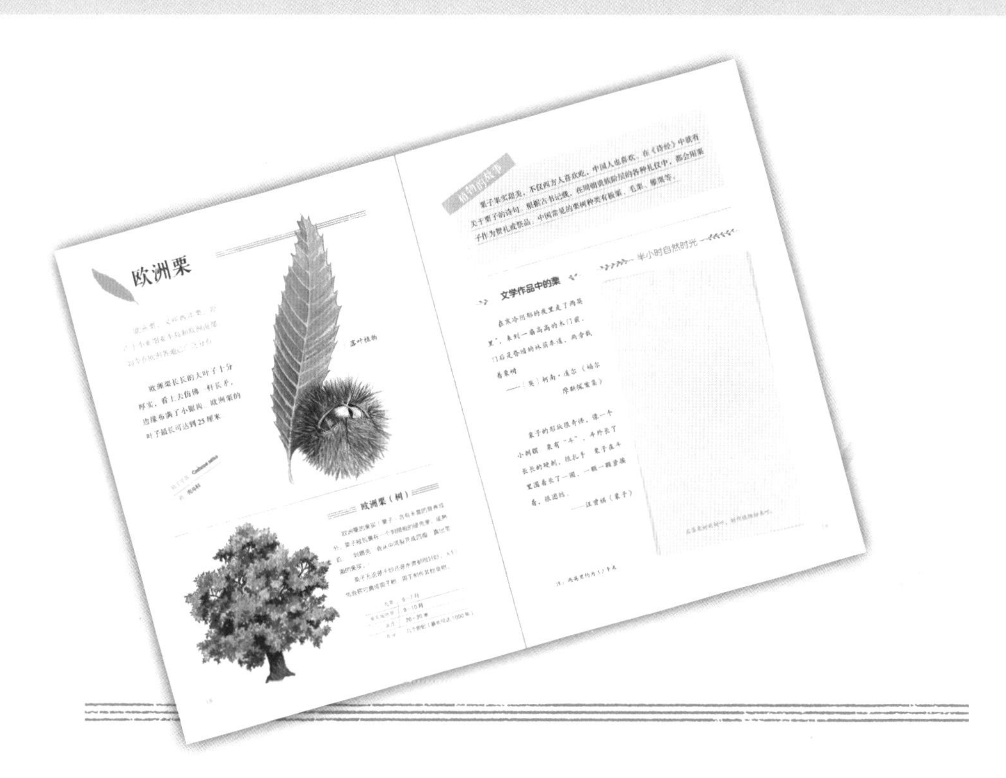

在第三部分，我们还将看到另外 18 种树的不同的树叶。同时，书本最后还有一些空白页面——这儿就交给你自由发挥了，你可以随意选取自己喜欢的叶子粘上去。可别忘记写下它的名字、发现它的时间和地点哦。

目录

如何采集和制作树叶标本

神秘的树

你的专属页面

如何采集和制作树叶标本

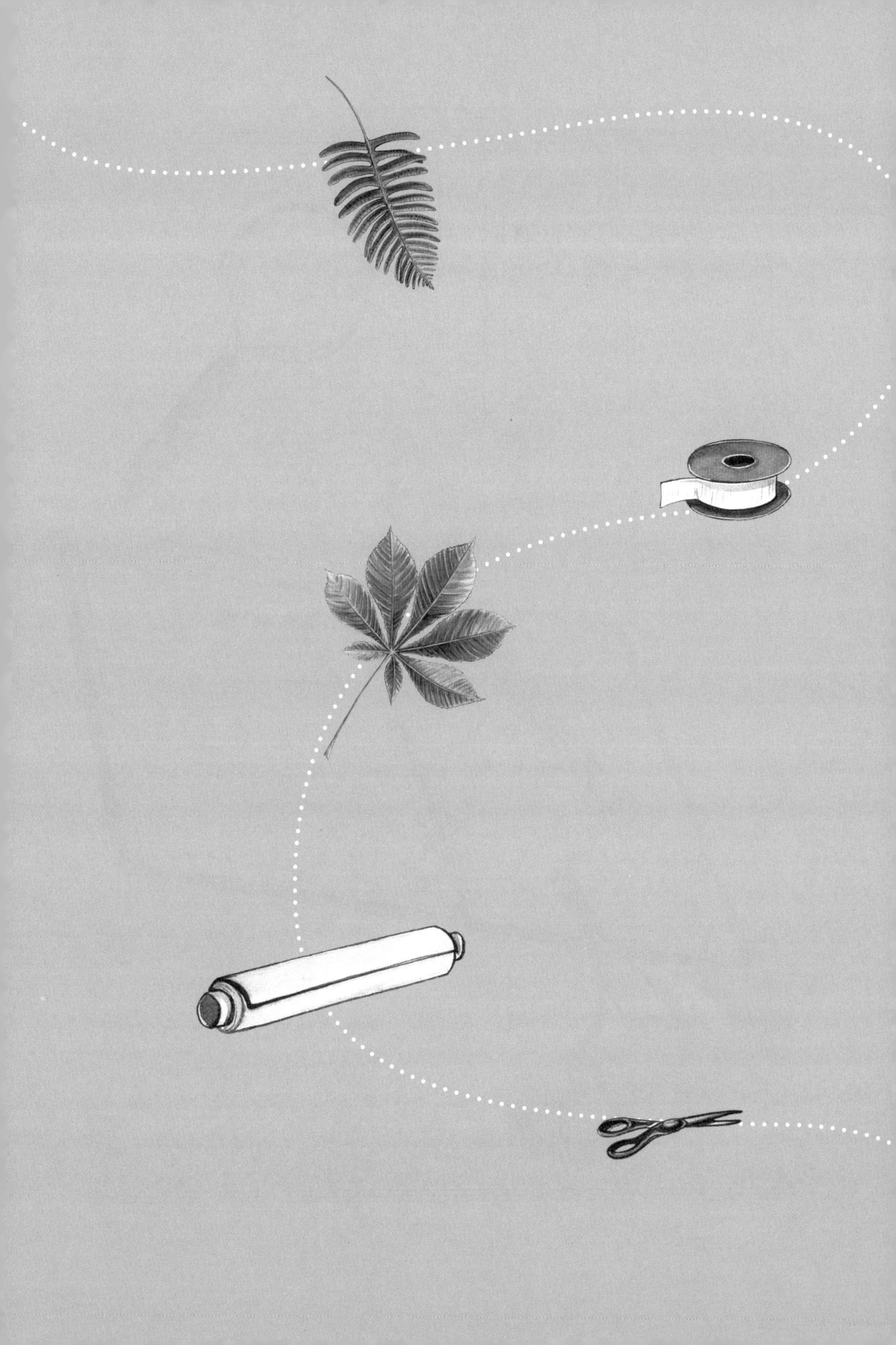

采集

分别从每株植物上摘取2~3片叶子，并把它们装入小塑料袋中带回来。

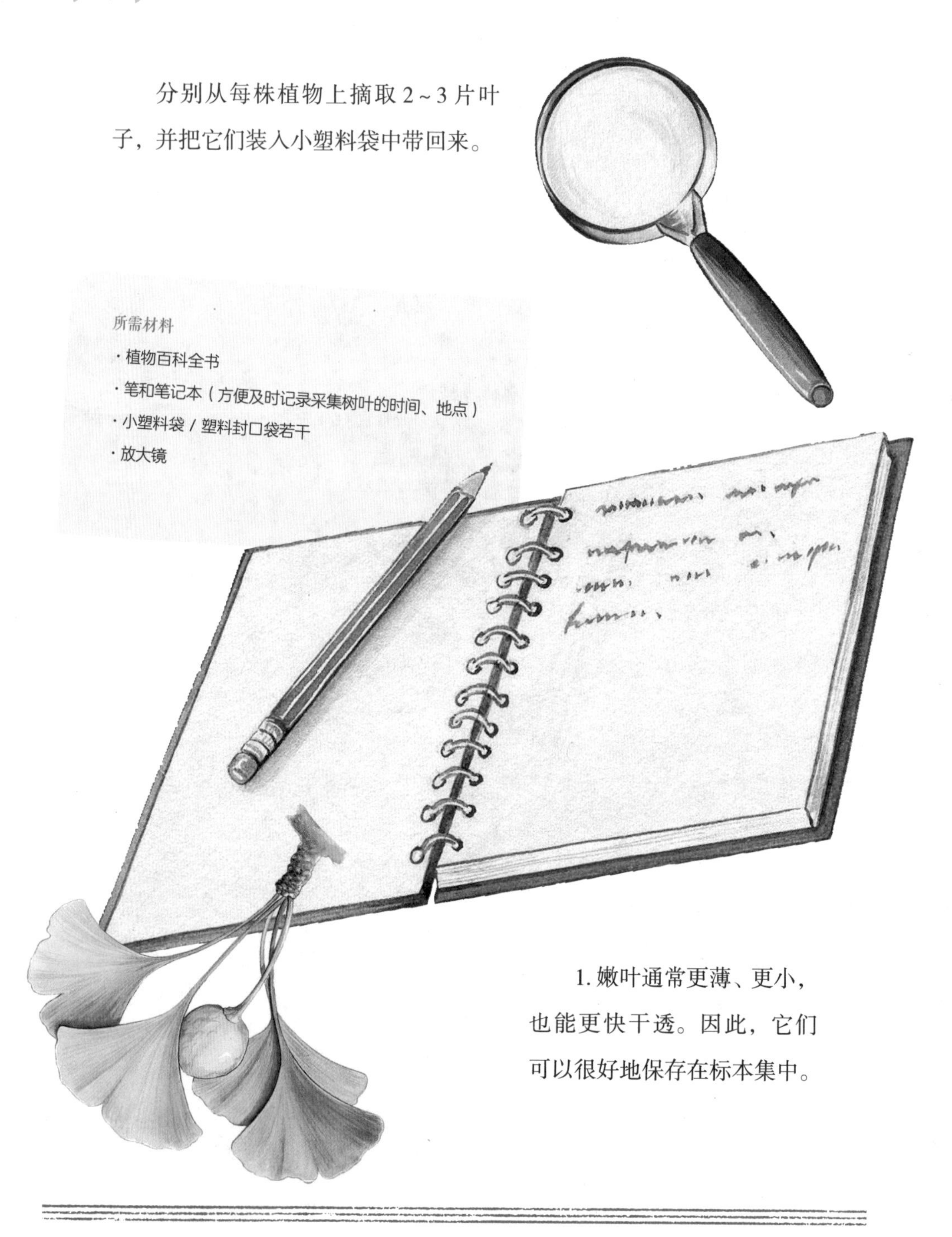

所需材料

- 植物百科全书
- 笔和笔记本（方便及时记录采集树叶的时间、地点）
- 小塑料袋／塑料封口袋若干
- 放大镜

1. 嫩叶通常更薄、更小，也能更快干透。因此，它们可以很好地保存在标本集中。

2. 除了叶片，我们也可以折下那些纤细、带叶片的小树枝，仔细观察叶子是如何长在上面的。如果这些叶子足够小，不妨把整根树枝都做成标本。

注意，有些植物有毒，要避免采食或者触碰其汁液。

不要摘被雨水或露水打湿的叶子，它们在干燥的过程中很容易留下污渍。

也可以摘一些在秋天会变颜色的漂亮树叶，比如红枫叶或者银杏叶。

这是你第一次制作标本吗？选择从树叶入手，这个主意不错！比起花瓣，树叶更容易干燥，也更好保存，它们不像花瓣那样娇弱。采集树叶也是一件很有趣的事。在这个过程中，你将会认识不同的树种，收获越来越多的知识。准备好迎接小伙伴们羡慕的目光了吗？

干燥

所需材料

- 旧报纸（非铜版纸质地）
- 平板和重物（词典、桶装矿泉水等）
- 胶带（最好是从药店购买的医用胶带）
- 透明塑封纸

将树叶晾干，并一一夹在厚厚的报纸之间。

1.在报纸的上方放置一块平板，并往平板上压上一些重物。

2. 中途更换 1～2 次报纸，直至叶片完全干透（整个过程可能需要 2～3 周的时间）。

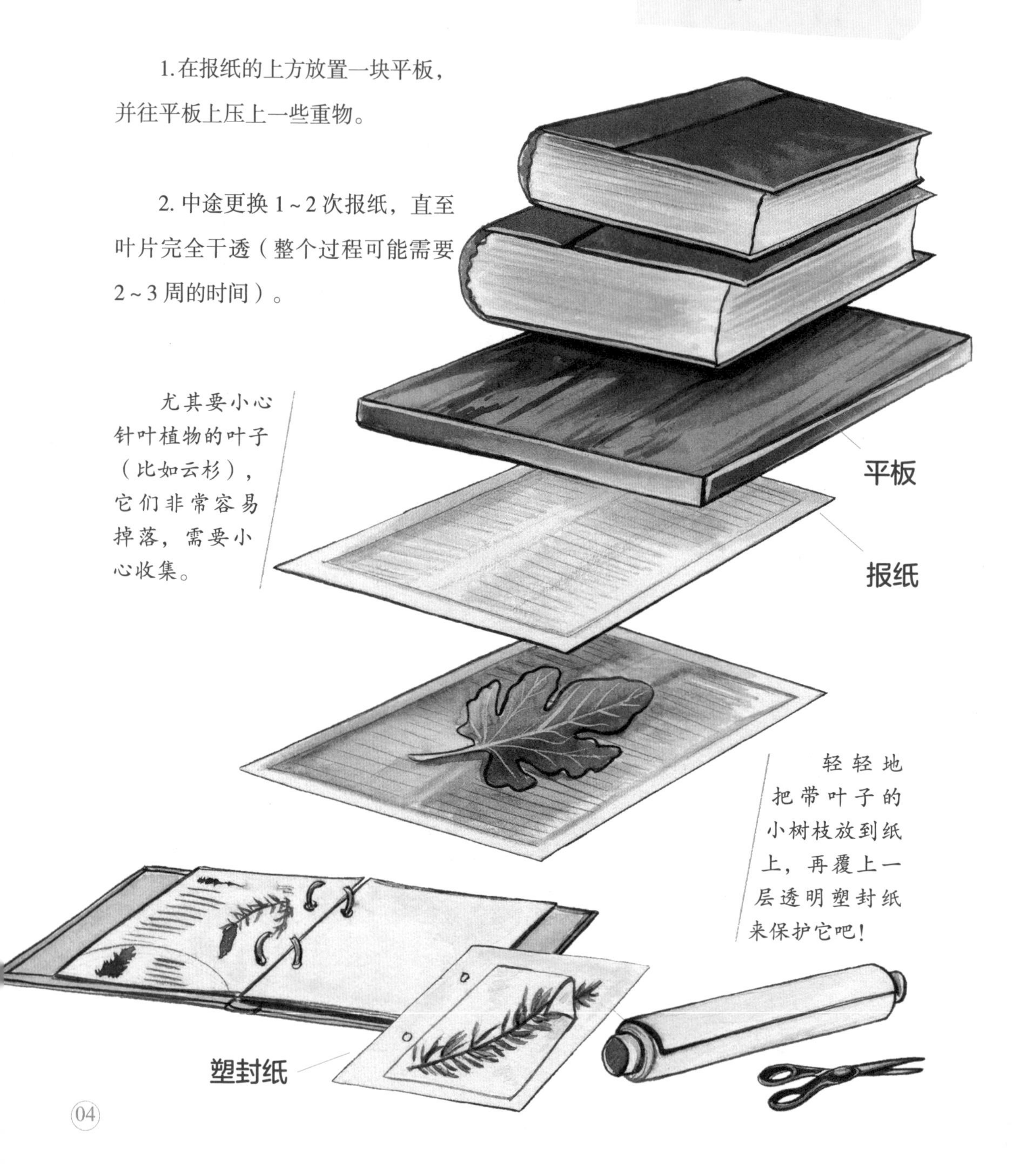

尤其要小心针叶植物的叶子（比如云杉），它们非常容易掉落，需要小心收集。

轻轻地把带叶子的小树枝放到纸上，再覆上一层透明塑封纸来保护它吧！

拼贴

1. 把树叶或小树枝放在相应的页面。

2. 将标本的几个角用胶带固定住。

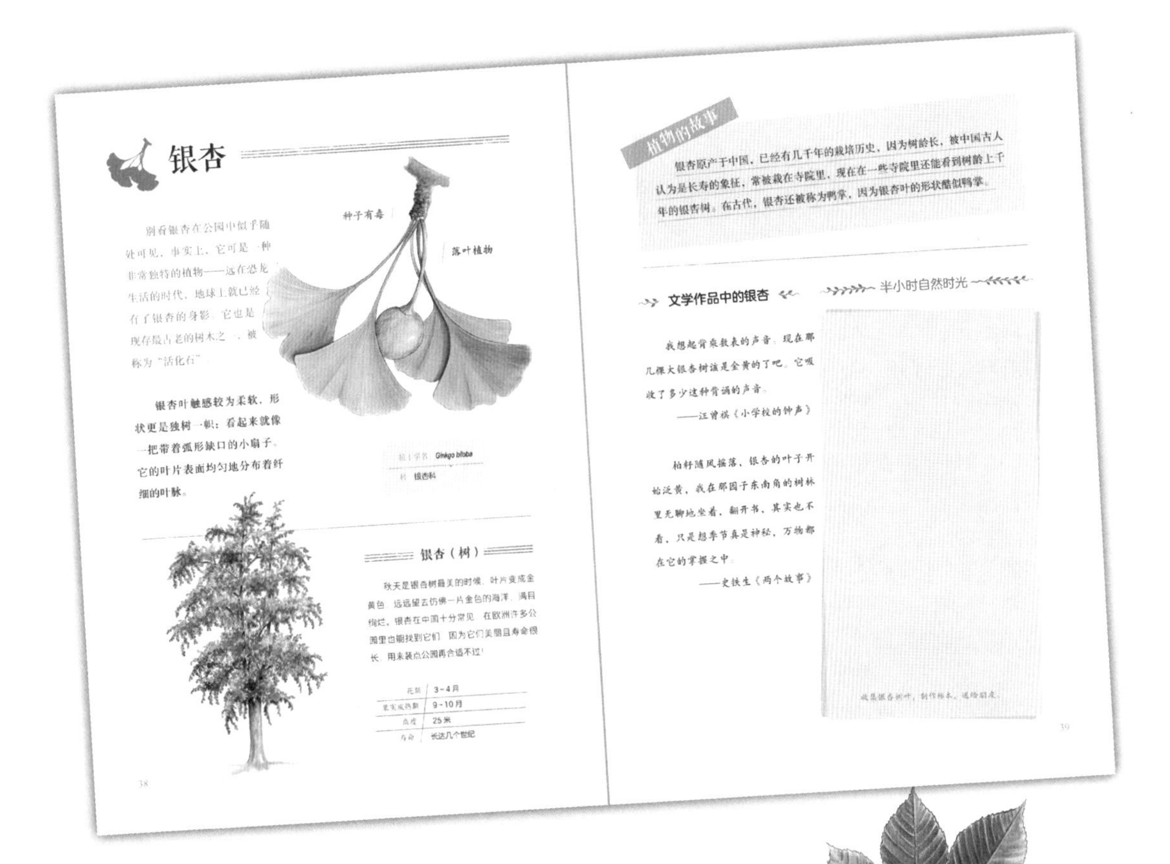

银杏

别看银杏在公园中似乎随处可见，事实上，它可是一种非常独特的植物——远在恐龙生活的时代，地球上就已经有了银杏的身影。它也是现存最古老的树木之一，被称为“活化石”。

种子有毒

落叶植物

银杏叶触感较为柔软，形状更是独树一帜：看起来就像一把带着弧形缺口的小扇子。它的叶片表面均匀地分布着纤细的叶脉。

拉丁学名 *Ginkgo biloba*

科 银杏科

银杏（树）

秋天是银杏树最美的时候，叶片变成金黄色，远远望去仿佛一片金色的海洋，满目绚烂。银杏在中国十分常见，在欧洲许多公园里也能找到它们，因为它们美丽且寿命很长，用来装点公园再合适不过！

花期	3~4月
果实成熟期	9~10月
高度	25米
寿命	长达几个世纪

38

植物的故事

银杏原产于中国，已经有几千年的栽培历史，因为树龄长，被中国古人认为是长寿的象征，常被栽在寺院里，现在在一些寺院里还能看到树龄上千年的银杏树。在古代，银杏还被称为鸭掌，因为银杏叶的形状酷似鸭掌。

文学作品中的银杏

我想起背桌数表的声音。现在那几棵大银杏树该是全黄的了吧。它吸收了多少这种背诵的声音。

——汪曾祺《小学校的钟声》

柏籽随风摇落，银杏的叶子开始泛黄，我在那园子东南角的树林里无聊地坐着，翻开书，其实也不看，只是想季节真是神秘，万物都在它的掌握之中。

——史铁生《两个故事》

半小时自然时光

收集银杏树叶，制作标本，送给朋友。

39

在将树叶粘进标本集之前，需要确保它们完全干透，否则叶子可能会起小鼓包甚至发霉。选择你制作得最成功、最漂亮的那枚树叶收录进来吧！

观察树叶

请留意观察叶片在树枝上的排列分布方式——这能够让我们更好地认识这棵树。

互生叶：在树枝的每个节上只长一片叶子，各节交互长出叶子。

对生叶：在树枝的每个节上都长着两片相对的叶子。

树液沿着叶脉循环流通。

树叶的形态

浅裂
（夏栎）

树叶有着不同的形态。

单叶仅由一片叶子构成，叶缘有光滑的，也有呈切割状的。

全缘
（木樨榄）

锯齿
（欧洲栗）

深裂
（悬铃木）

羽状复叶
（刺槐）

复叶则由多片小叶组成。羽状复叶的小叶通常会排列得像片羽毛，掌状复叶的小叶会排列成掌状。

掌状复叶
（七叶树）

针叶也有两种常见的形状——针状和鳞状。

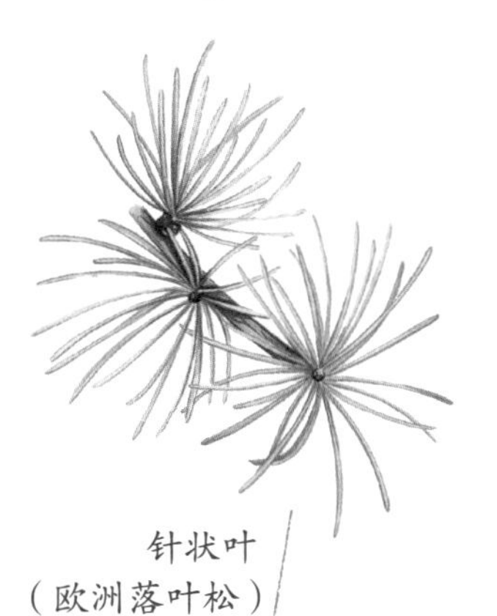

针状叶
（欧洲落叶松）

鳞状叶
（地中海柏木）

常绿植物：即使在冬天，它们的叶子也不会凋落（通常都是针叶树）。

落叶植物：它们在冬天会落叶（通常都是阔叶树）。

蕨类植物：叶子长在藏于地下的根状茎上，它们沿着根状茎缠绕而上，最终破土而出。在叶片的背面分布着植物的孢子囊。孢子囊通常会小簇小簇地攒在一起，孢子囊里面是孢子——这是蕨类植物用以有性生殖的重要细胞。

树叶的作用

树在大自然中扮演着十分重要的角色，源源不断地制造着我们赖以生存的氧气。因此，保护森林是每个人义不容辞的责任！

我们看到的叶子通常都是绿色的，这是因为叶片中含有叶绿素。在阳光的作用下，叶绿素会将空气中的二氧化碳转化为氧气和富含能量的有机物——后者会由树液输送到树的各个部位。

这个听起来有些复杂的过程就是光合作用。

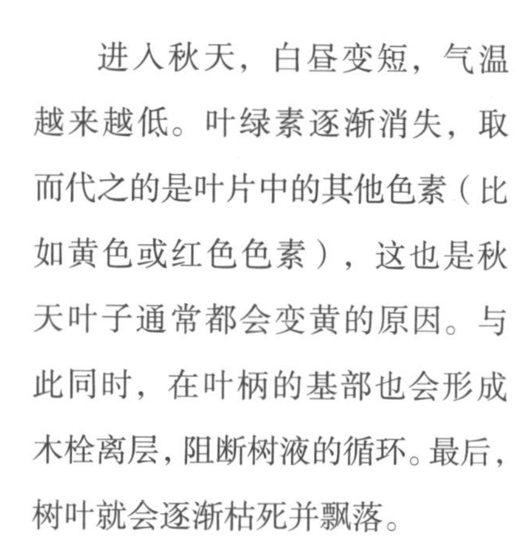

进入秋天，白昼变短，气温越来越低。叶绿素逐渐消失，取而代之的是叶片中的其他色素（比如黄色或红色色素），这也是秋天叶子通常都会变黄的原因。与此同时，在叶柄的基部也会形成木栓离层，阻断树液的循环。最后，树叶就会逐渐枯死并飘落。

如何识别一片树叶

当你捡到一片树叶的时候，请仔细地观察它的形状、大小、边缘（是光滑的还是带有锯齿的）、厚度、颜色（有些叶子的正面和背面颜色并不相同）、表面的茸毛等。这些都是确定树叶种类的重要依据。

当然，我们也不能忘了观察长着这片叶子的乔木或灌木——它的叶子是一片片交互生长于树枝上，还是两两相对地排列着？这棵树的高度和形态如何？它结出果实了吗？它的树皮是粗糙的还是光滑的，表面有裂纹吗？

拥有了上面这些信息，我们就能在植物百科全书里找到对应的树木种类，避免弄错。如果你的植物百科全书是口袋本大小，那就再好不过了，不妨把它放在口袋或是背包里，方便随时随地拿出来翻阅对照。

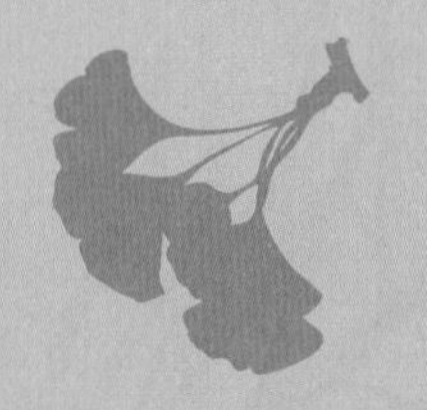

神秘的树

木樨榄

木樨榄又叫油橄榄。在古时候，木樨榄是一种神圣的植物，是和平的象征。一棵木樨榄树能够存活很久很久，久到仿佛它会永远站在那里似的。

木樨榄瘦长的尖叶子十分坚韧，叶片表面是暗绿色，背面颜色较浅，同时分布着细小的鳞毛。木樨榄叶沿着树枝两两对生。它的果实成熟后会变成黑色的小核果。

常绿植物

木樨榄（树）

木樨榄在地中海国家很常见，当地的居民会用它的果实来制作美味的橄榄油。木樨榄的树干不高，形态粗壮弯曲，树冠十分茂密漂亮，因此，越来越多的人选择在院子里种下木樨榄作为装饰。但有一点需要注意：木樨榄十分畏惧寒冷的天气！

花期	5~6月
果实成熟期	9~12月
高度	最高能长到15米
寿命	长达几个世纪（最长能存活2000年）

植物的故事

木樨榄（油橄榄）同地中海文明一起成长。英国诗人劳伦斯·达雷尔曾说："整个地中海，所有的雕刻、美酒、月光、英雄、思想、哲学家……这一切的一切，似乎都是从唇齿间那些黑色的油橄榄果的苦涩味道中涌出。"

文学作品中的油橄榄*

头戴战盔、手执盾牌的雅典娜抖了抖长枪，再深深地扎进地里，地里马上长出一棵油橄榄树。

——《希腊神话》

她向他买了一枚金币的油橄榄，放在篮子里，吩咐脚夫："带着跟我来吧。"

——《一千零一夜》

注：因文学作品中的植物名称有时会用植物的别称，为了还原文学作品的原汁原味，本栏目下的植物名我们保留原作品名称，不再改动，如油橄榄不会再改为木樨榄。下同。

半小时自然时光

搜集有关木樨榄的故事或传说，讲给你的朋友听。

夏栎

夏栎是威严强大的森林之王，但它们在平原上也能生长。法国最老的夏栎已经有2500岁了。

夏栎的叶片较小，呈椭圆形，叶缘浅浅地裂成一些不规则的圆角。夏栎叶直到秋末之前都会保持着绿色，然后便会枯黄、凋落。夏栎的果实有着长长的柄，挂在树枝上，因此我们又称夏栎为“长柄栎”或“有柄橡木”。

拉丁学名 Quercus robur

科 壳斗科

落叶植物

夏栎（树）

夏栎的树干十分粗壮，树枝苍劲弯曲，从树干的低处往上生长。夏栎木坚固耐用，经常被用于造船，建造房屋，制作地板、酒桶以及家具。夏栎的果实加工后是很好的猪饲料。

花期	4~5月
果实成熟期	9~10月
高度	35米
寿命	800年以上

植物的故事

在不少西方国家，栎树被视为神秘之树，是长寿、强壮和骄傲的象征。在古罗马时期，人们会把用栎树做成的头冠赠予英勇的战士。

文学作品中的栎树

老栎树立在那儿，叶子都掉光了；它要睡过这漫长的冬天，要做许多梦——梦着它所经历过的事情，像人类所做的梦一样。

——［丹］安徒生《安徒生童话·老栎树的梦》

在校园的操场前有一株标志性的高大栎树，上面的叶子一动不动，由于酷热而无精打采地耷拉着。

——［美］辛西娅·沃格《黛西之歌》

半小时自然时光

栎树在西方被视为长寿之树。在中国，我们常用松柏来形容一个人高寿。除了栎树和松柏，你还知道哪些树木树龄很长？

欧洲水青冈

落叶植物

欧洲水青冈又叫欧洲山毛榉。在不同的生长环境下，欧洲水青冈的外观会有所区别：如果生长在一片茂密的森林中，它不会变得过于粗壮，树冠也会较窄；反之，如果是一棵单独生长的欧洲水青冈，它的树冠则会肆意地舒展开来，遮盖范围十分宽广。

欧洲水青冈的叶子是椭圆形的，末端尖尖的，叶片边缘呈光滑的波浪形，两侧的叶脉平行地分布于叶片之上。新生的叶子通常是浅绿色的，边缘也会裹着一层细小的茸毛。时间慢慢步入夏日，随着气温升高，叶子的颜色会逐渐加深，叶片也会变得更加厚实坚韧。

拉丁学名	*Fagus sylvatica*
科	壳斗科

欧洲水青冈（树）

这种拥有着修长树干的漂亮树木，原产欧洲，目前在中国许多地方也有种植。它尤其喜欢多雨潮湿的地方，比如山野间或是海边。

花期	4~5月
果实成熟期	9~10月
高度	40米
寿命	300年以上

植物的故事

在西方传说中，水青冈（山毛榉）与知识和智慧有关。很久以前，学生会保存一块水青冈树皮，希望它能保佑自己顺利完成学业。口袋里装一小块水青冈树皮能带来幸福和好运。在不少欧美文学作品中，也会常常出现水青冈的身影。

文学作品中的山毛榉

在积雪中走八九里路，只为赶赴一场和山毛榉、松树和白桦的约会。

——［美］亨利·戴维·梭罗《瓦尔登湖》

离村子半英里左右的地方有个历史悠久的园林，以高大的山毛榉树闻名，园林之中便是古老的伯尔斯通庄园。

——［英］柯南·道尔《福尔摩斯探案集》

半小时自然时光

水青冈和栎树同属于壳斗科植物。壳斗科植物分布广泛，在你的周围找找，看看是否有壳斗科植物。

欧洲栗

欧洲栗，又叫西洋栗，原产于小亚细亚半岛和欧洲南部，如今在欧洲各地已广泛分布。

欧洲栗长长的大叶子十分厚实，看上去仿佛一杆长矛，边缘布满了小锯齿。欧洲栗的叶子最长可达到25厘米。

欧洲栗（树）

欧洲栗的果实（栗子）含有丰富的营养成分。栗子被包裹在一个刺猬般的硬壳里。成熟后，“刺猬壳”会从中间裂开成四瓣，露出里面的果实。

栗子无论是干炒还是水煮都很好吃。人们也会将它磨成栗子粉，用于制作其他食物。

花期	6~7月
果实成熟期	9~10月
高度	20~30米
寿命	几个世纪（最长可达1000年）

植物的故事

栗子果实甜美，不仅西方人喜欢吃，中国人也喜欢。在《诗经》中就有关于栗子的诗句。根据古书记载，在周朝贵族阶层的各种礼仪中，都会用栗子作为贺礼或祭品。中国常见的栗树种类有板栗、毛栗、锥栗等。

文学作品中的栗

在寒冷阴郁的夜里走了两英里*，来到一扇高高的木门前，门后是昏暗的林荫车道，两旁栽着栗树。

——［英］柯南·道尔《福尔摩斯探案集》

栗子的形状很奇怪，像一个小刺猬。栗有“斗”，斗外长了长长的硬刺，很扎手。栗子在斗里围着长了一圈，一颗一颗紧挨着，很团结。

——汪曾祺《栗子》

注：两英里约为 3.2 千米。

半小时自然时光

采集栗树的树叶，制作植物标本吧。

欧洲椴

欧洲椴能够应对各种不同的生存环境，也能适应被频繁地修剪整枝。因此，欧洲许多城市都爱种植欧洲椴。

欧洲椴的叶子看起来就像一颗心——叶片圆圆的，却在头部形成一个小尖。它的正面是深绿色，背面颜色则要更浅一些。叶缘呈细小锯齿状。欧洲椴的花很小，长在翅膀般的小苞片下。

欧洲椴（树）

公园里的欧洲椴开花的时候会散发出一阵好闻的清香，吸引蜜蜂前来采集这美味的椴树花蜜。

风干的椴树花可以用来泡茶、入药，能使人平心静气，同时也会帮助消化，欧洲人尤其爱饮用。一棵椴树上开出的花能做成好几千克的椴树花茶。

花期	6~7月
果实成熟期	7~10月
高度	30~40米
寿命	400~800年

植物的故事

椴树是欧洲国家流行的行道树，在欧洲国家被广泛栽植于道路两旁。以前中欧的每个村落中心几乎都有一棵椴树，人们在椴树下聚会、交流或者是举行婚礼。

文学作品中的椴树

庄园占地面积很大，有一座栎木横梁、砖石结构的老房子，门前有条优美的椴树林荫道。

——［英］柯南·道尔《福尔摩斯探案集》

谢尔盖·伊万诺维奇一路赞赏着枝叶繁茂的树林之美，时而向弟弟指着一棵背阴那边显得非常阴暗、缀满黄色托叶、含苞欲放的老椴树，时而指着像绿宝石一般闪烁着的、今年新生的幼树嫩芽。

——［俄］列夫·托尔斯泰《安娜·卡列尼娜》

半小时自然时光

椴树花的芳香能吸引蜜蜂前来采蜜。除了椴树，你还知道哪些蜜源植物？下次外出试着留意一下，并在这里写下你的观察结果。

欧洲桤(qī)木

在某些地区，欧洲桤木也被叫作赤杨（或普通赤杨）——这个名字可能更为大众所熟知。

欧洲桤木的叶片近乎圆形，边缘分布着并不显眼的不规则锯齿。叶片顶端浅浅地凹了进去，仿佛是被压扁或是撕坏了一般。到了秋天，欧洲桤木的叶子也会和其他落叶植物一样从树枝掉落——但独特的是，它的落叶依然是绿色的。

落叶植物

拉丁学名 *Alnus glutinosa*

科 桦木科

欧洲桤木（树）

欧洲桤木常扎根于小山谷里或是河边，无形中为河堤防护添了一份力。欧洲桤木的生命力十分顽强，即使在完全无人照料的情况下，也能在林间空地茁壮生长——无论是在平原，还是在海拔 1200 米以下的山区。欧洲桤木生长速度很快，能够抵御寒冷的气温。

花期	2~3月
果实成熟期	10~11月
高度	25米
寿命	80~100年

植物的故事

在魔法故事和游戏中，桤木是制作魔杖的材料。在所有的魔杖中，桤木魔杖是最适合施展无声咒的，这也为它赢得了“只适合最高水平巫师”的声誉。

文学作品中的桤木

夏天，这些桤木树长满了阔大的叶子，遮住了不少阳光，正是歇凉的好所在。

——叶至诚《成都农家的春季》

他走出花园，走过护庄河堤，走进一片桤木树林里去。那里有一栋六角形的小屋，还有一个养鸡和养鸭场。

——[丹] 安徒生《安徒生童话·鬼火进城啦》

半小时自然时光

采集桤木的树叶，制作植物标本吧。

垂柳

垂柳的枝条弯弯地垂向地面，看上去十分优雅。在中国，垂柳深受文人喜爱，咏柳的诗句有很多，如“万条垂下绿丝绦”“绝胜烟柳满皇都”等。

垂柳的叶片狭长，两端收窄，叶缘分布着细小的锯齿。垂柳的嫩叶表面覆盖着一层细小的茸毛，看起来如丝般柔滑。垂柳枝纤细柔软，叶片沿着枝条一一交互生长。

垂柳（树）

人们经常将垂柳栽种在水边，不过，也会将它种在公园或是花园里作为装饰。更早之前，它的树皮还会被用于制作阿斯匹林。垂柳也是欧蒿柳的近亲，后者常被用作编织篮子、筐等。

花期	4~5月
果实成熟期	6~7月
高度	15米
寿命	100年

植物的故事

柳树的生命力很顽强，即使把柳条插在地上，它也能长成繁茂的大树。到了春天，垂柳垂下的枝条随风飘摆，婀娜多姿，因此一直受到中国人的喜爱。“柳”和“留”同音，所以中国古人用折柳来表达依依惜别之情。

文学作品中的柳

昔我往矣，

杨柳依依。

今我来思，

雨雪霏霏。

——《诗经·采薇》

碧玉妆成一树高，

万条垂下绿丝绦。

不知细叶谁裁出，

二月春风似剪刀。

——〔唐〕贺知章《咏柳》

半小时自然时光

采集柳叶，制作植物标本吧。

二球悬铃木

经常有人将二球悬铃木称为法国梧桐，但它和梧桐是两种不同的植物。

悬铃木的叶片很大，呈五掌状分裂，叶片上有3根明显的粗脉。它们看上去和某些槭树的叶子很像。我们可以通过观察其叶片在树枝上的位置来辨别：悬铃木的叶子为一一互生；而槭树叶是两两对生。

拉丁学名	*Platanus hybrida*
科	悬铃木科

悬铃木（树）

悬铃木家族的成员并不多，只有一球悬铃木、二球悬铃木等几种。然而我们在世界各地都能见到它们的身影，是种植范围最广的树之一。它们生长很快，也能够在城市污染中存活下来。另外，枝繁叶茂的悬铃木还能为我们遮阴。因此，它常常出现在广场、公园，或是作为行道树整齐地排列在道路两旁。

花期	4~5月
果实成熟期	8月
高度	40米
寿命	500年以上

植物的故事

悬铃木属在中国栽培的主要有3种：一球悬铃木、二球悬铃木和三球悬铃木，它们的果球数量分别为一个、两个和三个。一球悬铃木原产于北美洲，人们又叫它美国梧桐，三球悬铃木原产于欧洲和亚洲西部，二球悬铃木是三球悬铃木和一球悬铃木杂交得到的。

文学作品中的悬铃木

这样重复了一次又一次，信太累得够呛，决定在半道上的一棵大悬铃木树下歇一口气。

——［日］安房直子《黄昏海的故事》

以前，我在悬铃木下鸣枪，没有打乱蝉的音乐会；今天，炫目的轮转焰火和爆响的爆竹同样不能打扰蜘蛛织网。

——［法］让－亨利·法布尔《昆虫记》

半小时自然时光

采集悬铃木的树叶，制作植物标本吧。

垂枝桦

垂枝桦原产于小亚细亚半岛，时至今日，它在全世界范围内都很常见，在中国主要分布于新疆北部至阿尔泰山区。

垂枝桦的叶子不大，呈菱形，边缘呈细锯齿状。到了夏天，垂枝桦的叶片上会分泌出香甜的蜜露，吸引成群结队的蜜蜂前来采集。用蜜露酿成的蜂蜜，也会带着一股清香。

落叶植物

拉丁学名	*Betula pendula*
科	桦木科

垂枝桦（树）

得益于它纤细轻盈的叶簇和微微泛着银光的白色枝干，形态优雅的垂枝桦常被用作景观植物。因适应环境的能力很强，在欧洲，当人们开荒植树时，总是会优先栽下垂枝桦和桤木。

花期	4~5月
果实成熟期	8~9月
高度	10~20米
寿命	100年

植物的故事

在纸张缺乏的年代，桦木皮对人们来说是天然的书写材料。小孩子们用它来写作业、玩涂鸦，大人们用它来抄写典籍。另外，桦树汁对以前的人们来说，是天然的饮料。过去猎人打猎途中口渴，会喝桦树汁解渴。

文学作品中的桦树

白桦树胀得鼓鼓的、清香的嫩芽，植物块茎浓郁的香气，流过嫩草丛的涓涓细流，所有这一切都特别清新，令人神往。

——［苏］加夫里尔·特罗耶波尔斯基《白比姆黑耳朵》

小岛周围长着一圈茂密的柳树、白桦和赤杨。小岛虽羞羞答答，却蕴涵丰富，矜持地躲在面纱后，只在合适的时机，才向它召唤而来的意中人露出真容。

——［英］肯尼斯·格雷厄姆《柳林风声》

半小时自然时光

采集桦树的树叶，制作植物标本吧。

刺槐

16 世纪末，法国的皇家植物学家让·罗班从加拿大将刺槐带回欧洲。因此，它的拉丁学名中敬用了罗班的名字。

刺槐的复叶由 9 到 21 片边缘光滑的圆形小叶组成，总长度达 25 厘米。刺槐到了秋天也会落叶，但叶片并不会枯黄，而是维持着绿色。快入夏的时候，刺槐还会开出满树的花朵——一串串白色的刺槐花挂满枝头，香气四溢。人们会采摘这种白色的小花，做成美味的小吃。

拉丁学名	*Robinia pseudoacacia*
科	豆科

落叶植物

刺槐（树）

刺槐是城市中最常见的树之一，我们总能在公园和道路两旁见到它们。世界上现存最古老的两棵刺槐都位于法国巴黎，它们从亨利四世（1553–1610）时期起就已经存在了。

花期	5～6月
果实成熟期	9月
高度	25～30米
寿命	200年

植物的故事

在中国文化中，槐树有着重要的地位，许多典故中都有关于槐树的故事，比如“南柯一梦”的故事。故事说的是一个叫淳于棼的人喝醉酒后，在一棵槐树下睡着了。他做了一个梦，梦到自己到了大槐安国，并和公主成了亲，当了20年的南柯太守。然后一觉醒来，看见家人正在打扫庭院，太阳还没落山，酒壶也在身边。他四面一瞧，发现槐树下有一个蚂蚁洞，他在梦中做官的大槐安国，原来就是这个蚂蚁洞。

文学作品中的槐树

那矮墙，父亲说原先没有，原先可不是这样，原先是--道青砖的围墙，原先还有一座漂亮的门楼，门前有两棵老槐树，母亲经常就坐在那槐树下读书……

——史铁生《记忆与印象1》

院里那棵槐树，果然又垂着许多绿虫子，秀贞说是吊死鬼，像秀贞的那几条蚕一样，嘴里吐着一条丝，从树上吊下来。

——林海音《城南旧事》

半小时自然时光

国槐在中国有着悠久的种植历史。刺槐又叫洋槐，中国从18世纪末开始引种栽培。“南柯一梦”的故事成书于唐代，因此淳于棼倚着做梦的槐树应是国槐。分别采集洋槐和国槐的树叶，辨识它们的不同，在这里写下你的观察结果。

欧梣

欧梣也叫欧洲白蜡树，挺拔而修长，姿态优美，且极耐寒，是北欧国家瑞典的国树。

欧梣的复叶由 3～6 对微微带有锯齿的小叶及顶端 1 片单独的小叶共同组成，总长度超过 30 厘米。顶端的小叶到了初秋便会先行离开复叶掉落；其余的小叶则会在树上停留一段时间。到了冬天，我们会在树下捡到许多光秃秃的小枝——那都是掉光了小叶的欧梣树枝。

落叶植物

拉丁学名	*Fraxinus excelsior*
科	木樨科

欧梣（树）

除了观察叶子，我们还有许多其他的方法辨认欧梣：它的芽是黑色的；果实扁平且带着一只长长的翅膀，哪怕到了冬天，也会一串串地悬挂在树枝上——这对喜爱食用果子的鸟类来说，可是个意外之喜！

花期	4～5月
果实成熟期	7～11月
高度	30～40米
寿命	150～200年

植物的故事

白蜡树之所以得名，是因为树上会寄生一种叫白蜡的昆虫，这种昆虫能分泌出蜡质物，在中国古代，人们用这种蜡质物来生产白蜡。

文学作品中的白蜡树

阿曼佐说，等到白蜡树的叶子长得跟松鼠的耳朵一样大的时候，就可以种玉米啦！

——［美］劳拉·英格斯·怀德《大森林里的小木屋·农庄男孩》

有些让人想起白蜡树，这些恩特高大、笔直，肤色灰白，手上长着许多手指，腿很长。

——［英］J.R.R. 托尔金《魔戒》

半小时自然时光

采集白蜡树的树叶，制作植物标本吧。

欧亚花楸（qiū）

拉丁学名	*Sorbus aucuparia*
科	蔷薇科

欧亚花楸既能生长在森林里，也常被人们种植在花园中。它猩红色的小浆果能将花园装点得非常漂亮。同时，这种小果子也总令小鸟们垂涎不已，是它们十分喜爱的大餐。

欧亚花楸的复叶由 15 片左右大小相似的小叶构成。这些小叶长长尖尖的，具有明显的锯齿状边缘。到了秋天，花楸叶会褪去绿色，披上美丽的红色或黄色外衣。

落叶植物

欧亚花楸（树）

到了春末夏初，欧亚花楸会开出一簇一簇的白花来。别看它们的外形很漂亮，散发出来的味道却着实不好闻。

花期	5~6月
果实成熟期	8~9月
高度	10~20米
寿命	100年

植物的故事

在欧洲的传说故事中，花楸是一种有魔力的树，女巫会用它来做成魔杖。此外，花楸树象征着好运，人们会在房子周围种上花楸树，希望它能让家庭幸福美满。

文学作品中的花楸

尽管耕地上的碧绿已经让给金黄，花楸树越来越红，树林也东一处西一处地染上明亮的棕黄，但是，光、热和斑斓的色彩依旧不减半分。

——［英］肯尼斯·格雷厄姆《柳林风声》

只有鸫鸟不抱怨，它们成群结队地冲向了一串串成熟的花楸果。

——［苏］维·比安基《森林报》

半小时自然时光

采集花楸树的树叶，制作植物标本吧。

月桂

拉丁学名	*Laurus nobilis*
科	樟科

从前，人们常用月桂的枝条编成王冠来为比赛的优胜者或是优秀的诗人加冕——“桂冠”一词就是这样演变而来。月桂常生长在荆棘丛中或是被种植在花园里。

常绿植物

月桂叶形状狭长、两头较尖，边缘微微呈波浪形。它还是一种常见的调味料，能够很好地为菜肴增香添味。这是因为月桂叶中含有丰富的带芳香的挥发油，只要我们把月桂叶撕碎（干叶或是新鲜的叶子都可以），空气中就会弥漫开沁人心脾的香味。

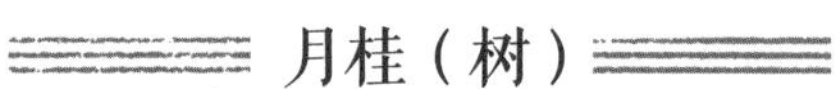

月桂（树）

月桂的家乡在地中海地区。虽然本身属于常绿小乔木，但有时候也能长到一棵普通大树那么高。月桂还有另一位可食用的“表亲”——鳄梨（也就是我们常说的牛油果）。

花期	4~5月
果实成熟期	9~10月
高度	2~10米
寿命	最长可达100年

植物的故事

月桂树是授予优胜者的奖品，一直被希腊人和罗马人视为胜利、荣誉、智慧与力量的象征。无论是皇帝、国王、祭司、圣贤，还是预言家、英雄、胜利者、哲学家和为胜利者唱颂歌的诗人，无不戴着月桂树枝花环。

文学作品中的月桂

公园里吹来微风，充满早晨的香气。有月桂叶和青苔气味，还夹点别的什么东西熟悉的气味。

——［英］帕·林·特拉芙斯《玛丽阿姨打开虚幻的门》

请你想象你已经到了那里，到了西班牙吧！那儿是温暖的，那儿是美丽的，那儿火红的石榴花在浓密的月桂树之间开着。

——［丹］安徒生《安徒生童话·沙丘的故事》

半小时自然时光

香樟树和月桂同属樟科植物。如果能找到香樟树，仔细观察它的树干、树叶等，并拍照留念。

银杏

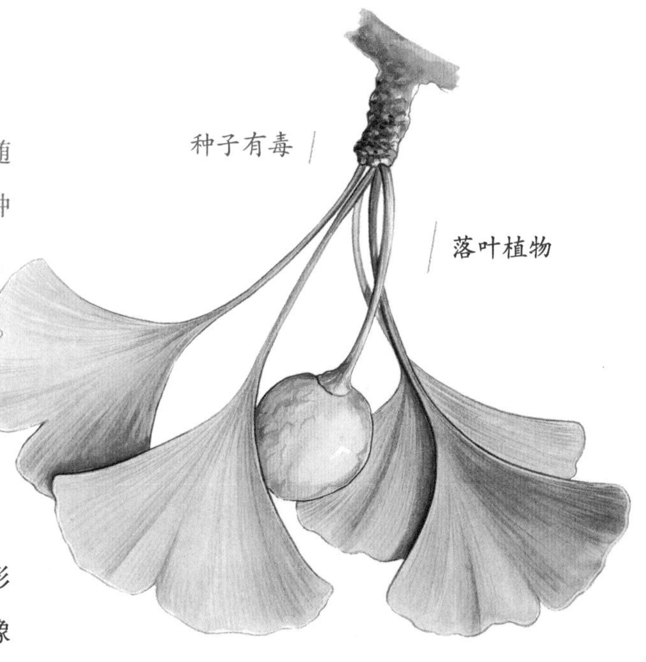

别看银杏在公园中似乎随处可见，事实上，它可是一种非常独特的植物——远在恐龙生活的时代，地球上就已经有了银杏的身影。它也是现存最古老的树木之一，被称为“活化石”。

银杏叶触感较为柔软，形状更是独树一帜：看起来就像一把带着弧形缺口的小扇子。它的叶片表面均匀地分布着纤细的叶脉。

拉丁学名	*Ginkgo biloba*
科	银杏科

银杏（树）

秋天是银杏树最美的时候，叶片变成金黄色，远远望去仿佛一片金色的海洋，满目绚烂。银杏在中国十分常见，在欧洲许多公园里也能找到它们，因为它们美丽且寿命很长，用来装点公园再合适不过！

花期	3~4月
果实成熟期	9~10月
高度	25米
寿命	长达几个世纪

植物的故事

银杏原产于中国，已经有几千年的栽培历史，因为树龄长，被中国古人认为是长寿的象征，常被栽在寺院里，现在在一些寺院里还能看到树龄上千年的银杏树。在古代，银杏还被称为鸭掌，因为银杏叶的形状酷似鸭掌。

文学作品中的银杏

我想起背乘数表的声音。现在那几棵大银杏树该是金黄的了吧。它吸收了多少这种背诵的声音。

——汪曾祺《小学校的钟声》

柏籽随风摇落，银杏的叶子开始泛黄，我在那园子东南角的树林里无聊地坐着，翻开书，其实也不看，只是想季节真是神秘，万物都在它的掌握之中。

——史铁生《两个故事》

半小时自然时光

收集银杏树叶，制作标本，送给朋友。

欧洲云杉

常绿植物

拉丁学名	*Picea abies*
科	松科

这种尖塔造型的树主要分布在欧洲北部和中部。得益于其漂亮的外形，欧洲人总爱用它来装点公园或是家中的小院子。

欧洲云杉的叶子很细小（只有1~2.5厘米长），却尖尖的，十分扎人。它们围绕着树枝呈螺旋状排列，看上去就像一把把小刷子。当你试着去折下一根树枝时，很有可能会同时带下一片树皮来。每5~7年，云杉的针叶就会凋落，再迎来新一轮嫩叶的生长。而云杉的球果则会一直垂挂在枝头。

欧洲云杉（树）

欧洲云杉林多分布于高山地带或中等海拔的山区。在圣诞期间，它也是最常被用作圣诞树的树种——虽然一旦被砍断，欧洲云杉的针叶就会掉得很快。

花期	5月
球果	垂挂，9月成熟
高度	至少50米
寿命	300~700年

植物的故事

欧洲云杉非常长寿。在瑞典发现的一棵欧洲云杉古树，虽然树干只有约600年的历史，但其主根系经过测定，已有9000多岁。同一座山上的其他欧洲云杉树，也有近20棵树龄超过8000岁。

文学作品中的云杉

池塘位于花园的偏僻一角，周围从生着高大的云杉树，把整个池塘都遮住了，不见一丝阳光。

——[苏]维·比安基《小山雀的日历》

森林女妖身材足足有森林之中最高的大树那样高，她身上披着云杉枝条编织成的衣衫，头发一绺绺卷紧在一起像是云杉果。

——[瑞典]塞尔玛·拉格洛夫《尼尔斯骑鹅旅行记》

半小时自然时光

采集云杉的树叶，制作植物标本吧。

欧洲赤松

欧洲赤松十分耐旱，多生长于干燥的森林或荒漠中，为欧洲森林常见的树种。它的芽叶还可用来制润喉糖，缓解咳嗽。

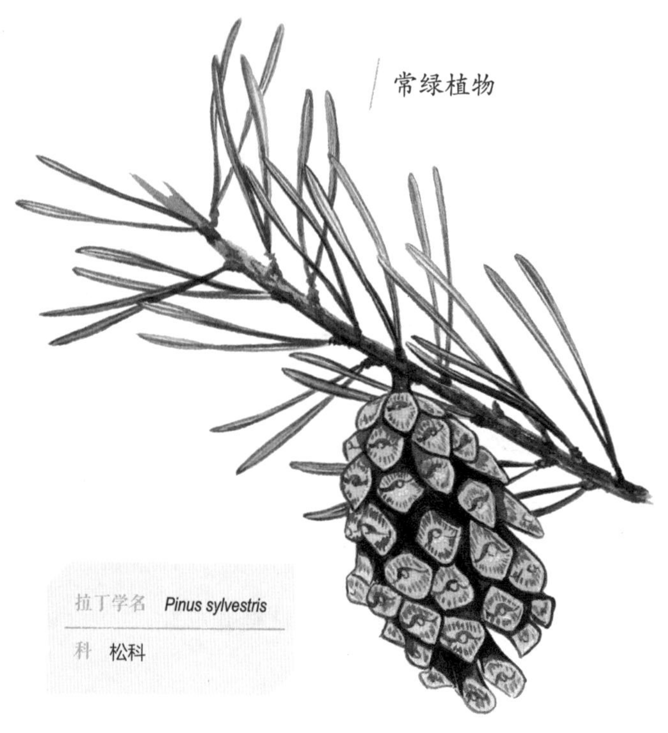

欧洲赤松的叶子为泛蓝的灰绿色，长度可达5~6厘米，针叶两针一束长于树枝上。它们的触感柔软，叶端尖尖的，却不扎手，形态微微扭曲。欧洲赤松叶可在树枝上存活3年。

欧洲赤松（树）

欧洲赤松的树干笔直且光滑。幼年欧洲赤松拥有一个漂亮的尖顶，但随着树龄逐渐增加，其树冠的形状也渐渐变得不规整起来。欧洲赤松是在建筑行业大受好评的木料。

欧洲赤松对生长环境要求不高，因此在一些土地贫瘠的地方，人们也常种植赤松来改善当地环境。

花期	5~6月
球果	呈垂挂状，两年内成熟
高度	350米
寿命	500~600年

植物的故事

到了开花时节，欧洲赤松明黄色的花粉弥漫在整片林子里，像云蒸霞蔚一般，充满神秘色彩。在古代，人们认为欧洲赤松花粉有神奇的魔力，因此会在自己周围撒上花粉，希望给自己带来好运。

文学作品中的欧洲赤松

可是谁能想到，在这荒芜辽阔的地面上，牛会如此仔细而有效地搜寻欧洲赤松树苗当作自己的食物呢。

——[英]查尔斯·达尔文《物种起源》

欧洲赤松在炎夏放出大量黏稠的树脂，其芳香的气味不禁让人想起那趟令人难忘又迷人的南欧之旅。

——[德]彼得·渥雷本《树的秘密语言》

半小时自然时光

留意你的周围有什么松属植物，观察它的特点，并在这里写下来。

欧洲落叶松

欧洲落叶松是山区和公园常见的树种之一，同时也是极其罕见的冬季会落叶的针叶植物。

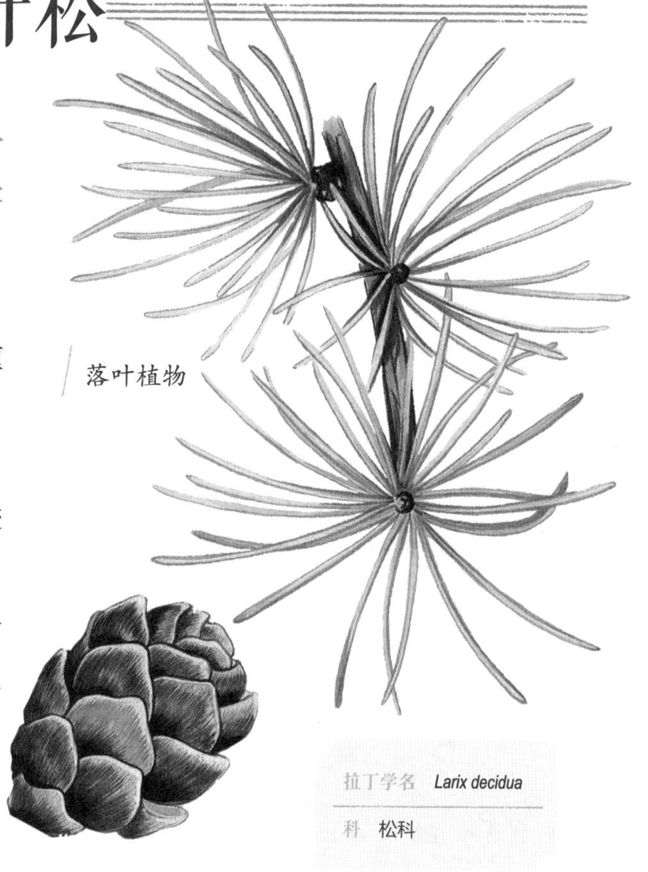

落叶植物

欧洲落叶松的叶长 3 至 4 厘米，纤细柔软，末梢呈圆弧形。它们在春天是生机勃勃的绿色，而到了秋天，会慢慢失去水分变为明黄色，然后掉落。来年开春，欧洲落叶松的嫩芽又会像一个个小按钮一般布满整根树枝，慢慢长成纤细的针叶。

拉丁学名	*Larix decidua*
科	松科

欧洲落叶松（树）

在阿尔卑斯山区有着非常漂亮的欧洲落叶松林。不过，欧洲落叶松也能作为观赏植物种植在平原地区。要辨认一棵欧洲落叶松不难：无论是树枝上那一簇簇生长的针叶，还是直立着的球果，都能让你认出它来。这些球果能在树上存活两年。

花期	3～4月
球果	呈站立状，秋天成熟
高度	40 米
寿命	500 年

植物的故事

在欧洲民间传说中，落叶松被认为可以抵御邪恶，燃烧松树皮产生的烟雾可以驱走恶灵。父母会给孩子戴上落叶松树皮做成的项圈来抵御邪恶。

文学作品中的落叶松

但四姑娘山的美其实远比这丰富多了：森林环抱的草地，蜿蜒清澈的溪流，临溪而立的老树，尤其是点缀在岩壁与树林间的一树树落叶松，那么纯净的金色光芒，都使人流连忘返。

——阿来《一起去看山》

那有一片很小的落叶松林，似乎有两只大臭鼠围着这片树丛一直转圈儿，于是，小猪和小温尼也随着这些脚印转起了圈儿。

——[英]艾伦·亚历山大·米尔恩《小熊温尼·菩》

半小时自然时光

采集某种落叶松的树叶，制作植物标本吧。

地中海柏木

地中海柏木有时候也被叫作"意大利柏木"，虽然它的家乡在伊朗。树如其名，今天的地中海柏木大多分布于地中海沿岸及其居民家中的花园里。

地中海柏木是世界上拥有树叶最多的树木之一——每棵地中海柏木都有4500万到5000万片叶子！地中海柏木的叶子就像超迷你的小鱼鳞一般（我们叫它"鳞叶"），一片紧挨着另一片，让人难以分辨和计数。

常绿植物

地中海柏木（树）

这种如箭头般笔直耸立的树是法国普罗旺斯最具代表性的风景之一，因为它非常适应那里的气候和海风。地中海柏木的果实是一颗颗暗棕绿色或是灰棕色的小球果，通常需要两年才会成熟。

花期	3月
球果	两年内成熟
高度	20米
寿命	250~600年

植物的故事

地中海柏木又称丝柏，著名画家文森特·梵高除了喜欢画向日葵，他的画笔下也会出现高高的地中海柏木，他在一幅画作《麦田里的丝柏树》中就描绘过丝柏树，即地中海柏木。另外，在欧洲，人们认为地中海柏木象征着永生。

文学作品中的地中海柏木

来自日德兰半岛荒地的杜松长得颇为挺拔，色泽则如同地中海柏木一般。

——［丹］安徒生《安徒生童话·园丁和主人》

我不知道我有什么样的善良本性，当我看到一个绅士耍花招骗人，自诩会变戏法，能把地中海柏木的球果变得无影无踪，听他说没有谁能像他那样跳查科纳舞时，心里就不好受。

——［西］塞万提斯《双狗对话录》

半小时自然时光

采集柏科植物的树叶，制作植物标本吧。

高卢柽（chēng）柳

落叶植物

高卢柽柳又叫红花多枝柽柳，喜生长于海滨。它的枝条轻盈，姿态婆娑，细枝上开满粉色花簇，是海滨一道美丽的风景。

高卢柽柳浅绿色的鳞叶每片只有约2毫米长，紧紧包裹住细长柔软的枝条。柽柳的树干也和它的枝条一般呈弯曲状，随着年岁的增长，树干表面会逐渐凹陷形成树洞。有时候，我们甚至能透过这个洞看到对面的景色。

拉丁学名	*Tamarix gallica*
科	柽柳科

高卢柽柳（树）

这是一种来自西欧地区的植物，目前在法国南部的海滨地区十分常见。它能够在干旱的环境中生存下来，也耐得住咸咸的海风。

花期	4~9月
果实成熟期	5~10月
高度	2~8米
寿命	50~100年

植物的故事

柽柳又被称为红柳。红柳能耐得住干旱，即使在盐碱地也能生存下来，因此是沙漠地区防风造林的重要植物。红柳因其顽强的生命力成为人们讴歌的对象，出现在许多作家的笔下。

文学作品中的红柳

真正顽强的是红柳强大的根系。它们如盘卷的金属，坚挺而富有韧性，与沙砾黏结得如同钢筋混凝土。红柳一旦燃烧起来，持续而稳定地吐出熊熊的热量，好像把千万年来，从太阳那里索得的光芒，压缩后爆裂出来。

——毕淑敏《离太阳最近的树》

红柳与沙棘、柠条、骆驼刺等，都是黄土地上矮小无名的植物，最不求闻达，耐得寂寞，许多人都叫不出它的名字。

——梁衡《万里长城一红柳》

半小时自然时光

因为能耐得住盐碱地，红柳在中国西北被大量种植，以保护环境。保护环境从我们每个人做起，你准备做哪些小事来爱护植物、保护环境呢？在这里写下你的计划。

红花槭

相比红花槭，我们或许对“美国红枫”这个名字更为熟悉。它原产于美国和加拿大，目前在中国多个地方均有栽培。

落叶植物

红花槭的叶片接近椭圆形，呈3裂（有时也呈5裂，在叶片底部会多出2处较小的裂片），表面为深绿色，背面是银白色。叶缘由不规则的锯齿构成。红花槭叶沿着树枝两两对生。到了秋天，它们会变为非常绚丽的亮红色。

拉丁学名	*Acer rubrum*
科	槭树科

红花槭（树）

树如其名，除了秋天的叶子，它的花和成熟后的果实也都是红色的。甚至小树的嫩枝，在最开始也是红棕色的——它们在经历一个冬天之后，才会拥有成年大树那样的灰绿色枝条。

花期	3~4月
果实成熟期	6~7月
高度	25米
寿命	100~150年

植物的故事

槭树科的植物除了红花槭，还有在中国更常见的鸡爪槭等。中国古代也把槭树称为枫树。传说唐朝时期，有个文人赴京赶考，在河边拾起一片槭树叶，发现上面有一首诗："流水何太急，深宫尽日闲。殷勤谢红叶，好去到人间。"后来他娶了一位宫女，才发现这首红叶题诗竟是妻子在深宫时所作。

文学作品中的槭树

庭树槭以洒落兮，

劲风戾而吹帷。

——〔魏晋〕潘岳《秋兴赋》

槭树枝上垂下了一对对翅果，翅果已经裂开，正等待着风儿把它们的种子吹走。

——［苏］维·比安基《森林报》

半小时自然时光

到了秋天，人们会欣赏红叶。这些红叶有的是槭树的叶子，还有的是枫香树的。你知道它们的区别吗？槭树的果实叫翅果，它扁扁的，分成两片，像两个翅膀，到了秋天会打着旋儿从树上落下。枫香树的果实是绿色的圆滚滚的球果，果实表面还带着软软的一层刺。下一次当你遇到红叶时，试着分辨一下，它到底是哪一种树的树叶。

欧洲七叶树

欧洲七叶树也被叫作“马栗树”。它的家乡在希腊北部地区。

欧洲七叶树的叶对生，叶片十分宽大，呈 5~7 裂，仿佛一把小扇子似的，也像是张开手指的手掌，非常好辨认。

拉丁学名	*Aesculus hippocastanum*
科	七叶树科

欧洲七叶树（树）

春天的欧洲七叶树格外壮观——铺天盖地的白色或粉色小花会开满整棵树，而每朵花都能结出 1 到 2 颗果实。它的果实呈球形，被包裹在长着尖刺的外壳中。但需要注意：欧洲七叶树的果实是不可食用的！

花期	4~5月
果实成熟期	9~10月
高度	20~30米
寿命	至少200年

植物的故事

关于七叶树的故事有很多，比如《安妮日记》中提到的七叶树。当年，《安妮日记》的作者安妮从密室的小窗口刚好能看到一棵七叶树。在被迫囚禁的岁月里，这棵树陪伴着安妮度过艰难的岁月。安妮在日记里多处描写了树木生长的奇妙变化，给读者留下深刻的印象。

文学作品中的七叶树

七叶树也长得快，而且不需要任何管理。它开的花很常见，而且广受好评。到了秋天，大簇大簇的叶子变为橙黄、猩红色。

——［英］理查德·杰弗里斯《伦敦郊外漫笔》

早晨我还没起床，小阿黛勒便跑进来告诉我，果园最里头那棵高大的七叶树夜里遭了雷击，被劈掉了一半。

——［英］夏洛蒂·勃朗特《简·爱》

半小时自然时光

采集七叶树的树叶，制作植物标本吧。

苹果

苹果是日常生活中最常见，同时也是最古老的水果之一。苹果树除了栽在果园里，也常被种植在花园里。

苹果树的叶片很小，为两头收尖的椭圆形，叶缘呈细小的锯齿状。根据品种的不同，叶子的颜色也有浅绿和深绿之分，叶子背面长着一层短短的茸毛。

落叶植物

拉丁学名 *Malus domestica*

科 蔷薇科

苹果（树）

最早的苹果树来自亚洲，在几百万年前就已经存在了。而如今，它已经在世界各个角落都扎了根。世界上共有大约35种不同的苹果属植物，以及数以千计不同的变种……即便众口难调，每个人也都能找到他喜欢的苹果品种。春天的苹果树是最美的：远远望去，树上开满了白色和粉色的小花，让人移不开眼！

花期	4～5月
果实成熟期	7～11月不等（品种不同，成熟期也不同）
高度	8～10米
寿命	100～200年

植物的故事

1665年，因为瘟疫暴发，牛顿回到了乡下农场，那个时期，正是农场里苹果满枝头的时节。嘭，一颗熟透掉落的苹果砸到了牛顿的脑袋上，据说牛顿受此启发发现了万有引力定律。后来这棵果树年逾高龄，在大风的肆虐中奄奄一息，一部分树根开始腐烂。不过幸存的根系中又长出新的枝条，重新长成了大树。

文学作品中的苹果

这时候，小野兽们悄无声息地活动起来，开始在树枝上寻找被人们忘记的苹果和藏在叶子下面的甲虫，以及它们的幼虫，还有地上的落果。

——[苏]维·比安基《小山雀的日历》

那是秋季里一个美丽的星期天，山峦一片金色，苹果几乎已经没有了，但是它们的香味仍残留于空气中。

——[美]露丝·怀特《爱的故事》

半小时自然时光

采集苹果树的叶子，制作植物标本吧。

迷迭香

拉丁学名 *Rosmarinus officinalis*

科 唇形科

常绿植物

迷迭香的拉丁语名字有着十分美丽的寓意——“来自大海的露水”。古罗马人会将迷迭香种在家门口，以便在出入的时候都能闻到它迷人的香气。而今天，迷迭香最喜欢生长在法国南部的灌木丛中；当然，它也依然会被当地的人们种在自家花园里。

迷迭香叶子的正面是亮绿色，背面是灰色，并有一层细小的茸毛。叶片形状细窄，并向背面卷曲。从迷迭香里能提炼出芳香油，有醒脑提神的作用。

迷迭香（灌木）

来自地中海地区的迷迭香十分畏寒。因此，人们会将它种在朝阳的南墙边。在西式餐点中，它也是大厨们经常使用的香料。

花期	5~7月
果实成熟期	9~10月
高度	50~100厘米
寿命	数年

植物的故事

早在三国时期，迷迭香就已沿着丝绸之路来到中国。最初，上层阶级会将迷迭香佩戴在身上，起到熏香的效果。曹丕就很喜爱这种植物，命人在园子里种植，邀请爱好诗文的同好一起欣赏，并作诗赋赞美迷迭香，其中以曹植所作的《迷迭香赋》最为出色。

文学作品中的迷迭香

仲夏夜，万籁俱寂时，还有哪种昆虫的鸣叫胜过意大利蟋蟀的？那么优美，那么清脆。我不知有多少次，席地躺在迷迭香花丛中躲着，偷听那美妙迷人的音乐演唱会啊！

——[法]让－亨利·法布尔《昆虫记》

把它们拿去吧！规则我也不管！把迷迭香拿去当纪念吧，朋友。把所有的饲料拿去喂马吧，孩子们！“狐狸手套”给狐狸！香薄荷给那些野兽和那只鸟。

——[英]帕·林·特拉芙斯《神奇的玛丽阿姨》

半小时自然时光

迷迭香还是驱蚊植物，养一盆迷迭香，悉心照顾它。

无花果

和木樨榄一样，无花果树在古代就已经是地中海地区的居民们所喜爱的植物了。

无花果树的叶子很大，呈3~5裂，表面十分粗糙。同时，它的叶片中含有一种乳汁，能够散发出好闻的香气。最大的无花果叶能达到30厘米长！

拉丁学名	*Ficus carica*
科	桑科

无花果（树）

无花果树的个子并不高，通常不超过10米，且多分枝。但它的树冠却能张开至100平方米那么大，相较于它的身高，这顶大树冠可谓非常惊人！

花期	4~6月
果实成熟期	来年8~10月
高度	6~8米
寿命	几个世纪

植物的故事

相传，在古罗马时期有一棵神圣的无花果树，母狼就是在这棵无花果树下哺育罗慕路斯的。之后，等这棵无花果树枯萎的时候，人们就会在其旁边新栽一棵无花果树，并且举行庄严的仪式。

文学作品中的无花果

马格洛大娘把晚餐端上来了。一盆用白开水、植物油、面包和盐做的汤，还有一点咸肉、一块羊肉、无花果、新鲜乳酪和一大块黑麦面包。

——［法］维克多·雨果《悲惨世界》

但他知道这不是一般的水果，为其不能像葡萄、无花果和其他水果那样可吃而感到遗憾。

——《希腊神话》

半小时自然时光

采集无花果的树叶，制作植物标本吧。

欧榛

欧榛，在欧洲的矮林中和森林边界地带十分常见。在很久以前，古希腊和古罗马人就已经开始种植欧榛并食用它那美味可口的果实——榛子了。

欧榛的叶片近圆形，表面长着一层浅浅的茸毛，边缘呈不规则锯齿状。乍看之下，欧榛叶和桤木的叶子十分相像，但要分辨它们也不难：桤木的叶子顶部有一个浅浅的凹口，而欧榛的叶子则向上收成一个尖儿。

拉丁学名	*Corylus avellana*
科	桦木科

欧榛（树）

欧榛和其他的小矮树一样，身形并不十分高大，但其宽度可达 5 米——因为它的树枝从接近土壤的地方就开始伸展开来，并形成一小丛粗壮的矮林。事实上，欧榛在幼树时期还是笔直的，不过它的树干十分柔软。也是得益于这种易弯折的特性，它常被人们拿来编织篮筐。

花期	2～4月
果实成熟期	9月
高度	6～8米
寿命	30～50年

植物的故事

榛属植物除了欧榛，还有中国自古以来栽培的毛榛、披针叶榛、华榛、滇榛和虎榛子等。榛在古代还是互相赠送的礼品。从《左传》记载的故事来看，当时男子相见时互赠的礼物，有玉帛、禽鸟等；女子相见互赠的礼物，有榛子、栗子、枣子、干肉等。

文学作品中的榛树

灰姑娘从厨房的后门跑进院子，跑到了花园里，站在那棵榛树下，向着天地倾诉道："你们这帮听话的小鸽子们，你们这些斑鸠，天空下所有飞翔的鸟儿们，请帮我把扁豆挑出来吧，把所有好的扔进罐子里，其余扔进你们的嗉子里。"

——［德］格林兄弟《格林童话·灰姑娘》

两株弯下来的小榛树一下子就挺直了，树梢回到高处，狐狸也被扯上去，四脚张开，挂在了空中，身体不停晃悠着。

——［德］格林兄弟《格林童话·奇迹音乐家》

半小时自然时光

采集榛树的树叶，制作植物标本吧。

黑杨

黑杨一般沿河生长。高耸挺拔的黑杨树姿态优美，因此人们也会将其作为观赏植物栽种在花园里。

黑杨小小的叶片呈三角形或菱形，与扑克牌中的黑桃形状非常相似。它半透明的边缘，布满了小小的圆锯齿。黑杨的树枝十分特别，几乎是垂直向上生长的。

落叶植物

拉丁学名 *Populus nigra*

科 杨柳科

黑杨（树）

有时，我们也会在河边看到不少排列得整整齐齐的黑杨。它们那如同纺锤一般的外形实在太显眼了！另外，黑杨木质地十分轻盈，是制作包装箱的好材料。

花期	3~4月
果实成熟期	5~6月
高度	20~30米
寿命	200~300年

植物的故事

杨树生长迅速，高大挺拔，树冠有昂扬之势，这就是杨树得名为“杨”的原因。“杨”字和“扬”的读音一样，“杨树”即“扬树”，意思就是树冠高扬的一类树。

文学作品中的黑杨

看到一棵刚刚倒下不久的黑杨树，它便去啃那汁水尚鲜的树皮，这种树皮可是驼鹿喜欢吃的美味食物。

——［苏］加夫里尔·特罗耶波尔斯基 《白比姆黑耳朵》

坑中埋着地窖里用的石头，向阳的一面长满了草莓、木莓、覆盆子、榛子树和漆树；油松或者是粗大的栎树占据了烟囱的位置；散发着清香的黑杨正在原来或许是门槛的地方摇曳。

——［美］亨利·戴维·梭罗《瓦尔登湖》

半小时自然时光

黑杨是杨柳科杨属植物，除了黑杨，杨属植物还有白杨、胡杨。杨树在中国被广泛种植，找一找你周围有没有杨树，观察它的叶子、树干的特点，动手制作成标本。

洋常春藤

洋常春藤广泛分布于世界各地。正如它的名字那样，洋常春藤的叶子四季常青，果实会在冬天成熟。它常常沿着老墙或是树干攀爬而上，为路过的鸟儿庇荫并提供食物。

常绿植物

拉丁学名 *Hedera helix*

科 五加科

洋常春藤的叶片不仅厚实坚韧，还会在不同的时期呈现出两种不同的形态：幼嫩树枝上新长出来的叶片常呈3裂或5裂；那些快要开花结果的老枝上，则分布着规整的椭圆形叶子。

洋常春藤（木质藤本植物）

洋常春藤通常在地面上匍匐生长，能够沿着茎干形成小而呈尖刺状的根，并利用这些根攀爬上大树。它不是寄生植物，所以并不像槲寄生那样有害；但有时，它过强的侵略性也会妨碍大树的生长。

花期	9~10月
果实成熟期	2~3月
高度	20米
寿命	最长可达400年

植物的故事

在中世纪的欧洲，人们相信如果皮肤长出小疙瘩，按小疙瘩的数量捡一些小石子，将石子接触小疙瘩后用常春藤的叶子包好撒在路上，小疙瘩就会转移到拾到石子的人身上。

文学作品中的常春藤

一棵老极了的常春藤，枯萎的根纠结在一块，枝干攀在砖墙的半腰上。秋天的寒风把藤上的叶子差不多全都吹掉了，几乎只有光秃的枝条还缠附在剥落的砖块上。

——[美]欧·亨利《最后一片叶子》

常春藤可真让人沮丧。不管她看得多么仔细，看到的都只是那长得密密麻麻的光滑、葱翠的绿叶。

——[美]弗朗西丝·霍奇森·伯内特《秘密花园》

半小时自然时光

采集常春藤的叶子，制作植物标本吧。

欧亚多足蕨

欧亚多足蕨主要分布于欧亚大陆温带地区和北美温带地区。根状茎自带一股甘草的香甜味。试着在崖壁、老树桩或是墙面上寻找它的踪迹吧。

欧亚多足蕨的叶子为规则的、边缘光滑的狭窄裂片。如果将它的叶片翻个面儿，我们就会看到在叶片背面的中脉两侧，分布着一些圆形的棕色斑点：这些都是小簇小簇的孢子囊群，用来繁殖。

多年生植物

拉丁学名 *Polypodium vulgare*

科 水龙骨科

欧亚多足蕨（蕨类植物）

这种蕨类植物的叶子在一整个冬天都能维持绿色，并且像所有其他蕨类植物一样，幼嫩的欧亚多足蕨的叶片也呈现卷曲状。不过，当天气十分炎热或是极度寒冷的时候，它的叶子也会卷曲起来，这是为了避免在高温下发生过度的蒸腾作用，或是在严寒里保护自己免遭冰冻。

孢子期	全年
植物	多年生蕨类植物
高度	10~50 厘米
寿命	几个世纪

植物的故事

古代西方人相信，蕨类植物的孢子有神奇的魔力。如果手握蕨类植物的孢子囊，就可以隐身，别人将无法看到你。

文学作品中的蕨

我们握有蕨的种子，可以遮人耳目，来去自由。

——［英］莎士比亚《亨利四世》

这时，突然有一个庞然大物，伸出既长又粗的脖子，用绿色小头顶开一棵高耸的蕨类，蹿了出来。

——［美］马德琳·英格《梅格时空大冒险》

半小时自然时光

岳飞有一首著名的词《满江红》。满江红也是一种蕨类植物，除了满江红，你还知道哪些蕨类植物？采集周围蕨类植物的叶子，制作植物标本吧。

欧洲鳞毛蕨

尽管欧洲鳞毛蕨的叶片形态十分优雅，但它的整体外观很壮硕。

欧洲鳞毛蕨的叶片两端较薄，呈裂片状——而每瓣裂片本身又会分成更小的齿状裂片，看上去宛如一枚纤细的羽毛。在它的叶片背面，小小的孢子囊聚在一起，形成少量的黑点。

拉丁学名 *Polystichum filix-mas*

科 鳞毛蕨科

欧洲鳞毛蕨（蕨类植物）

欧洲鳞毛蕨常生活在山毛榉丛林中，但我们也能在其他的树林中找到它们——尤其是在海拔 2400 米及以下的山区。

孢子期	7~9月
植物	多年生植物
高度	40~60 厘米
寿命	数年

植物的故事

19世纪，化石中蕨类植物的发现让人们对蕨类植物更加好奇。人们将蕨类植物的叶子制成标本，还会用蕨类植物来装饰室内外，也会在衣服上绣上蕨类植物的图案。《简·爱》的作者夏洛蒂·勃朗特就非常喜欢收集蕨类植物的叶子制成标本。

文学作品中的蕨

“玛丽拉，当然，你要用最好的茶具，”她说，“我能用蕨类和野玫瑰来装饰餐桌吗？”

——［加］露西·蒙哥马利《绿山墙的安妮》

空旷的地方都长满了蕨类植物，完全覆盖了石灰岩层，细流隐隐流过。

——［美］海伦·凯勒《假如给我三天光明》

半小时自然时光

在家里养一盆蕨类植物，观察它的生长变化。

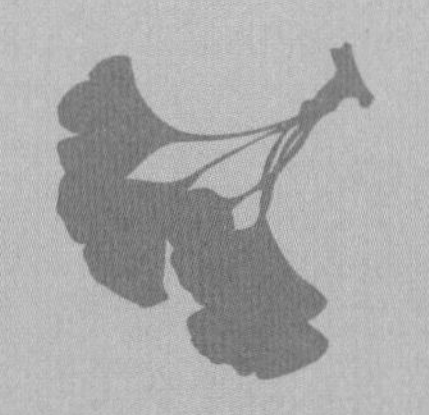

你的专属页面

认识更多的树叶

铁角蕨

拉丁学名 *Asplenium trichomanes*

科 铁角蕨科

欧丁香

拉丁学名 *Syringa vulgaris*

科 木樨科

欧洲鹅耳枥

拉丁学名 *Carpinus betulus*

科 桦木科

欧洲甜樱桃

拉丁学名 *Prunus avium*

科 蔷薇科

羽扇槭

拉丁学名 *Acer japonicum*

科 槭树科

五叶地锦

拉丁学名 *Parthenocissus quinquefolia*

科 葡萄科

瑞士五针松

拉丁学名　*Pinus cembra*

科　松科

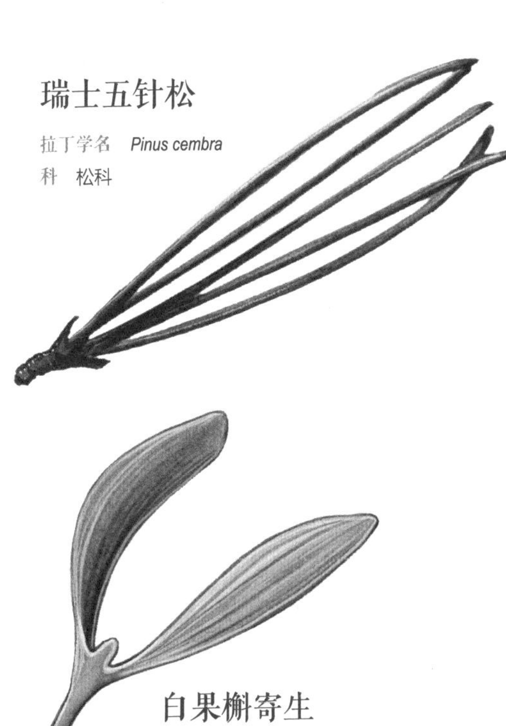

覆盆子

拉丁学名　*Rubus idaeus*

科　蔷薇科

锦熟黄杨

拉丁学名　*Buxus sempervirens*

科　黄杨科

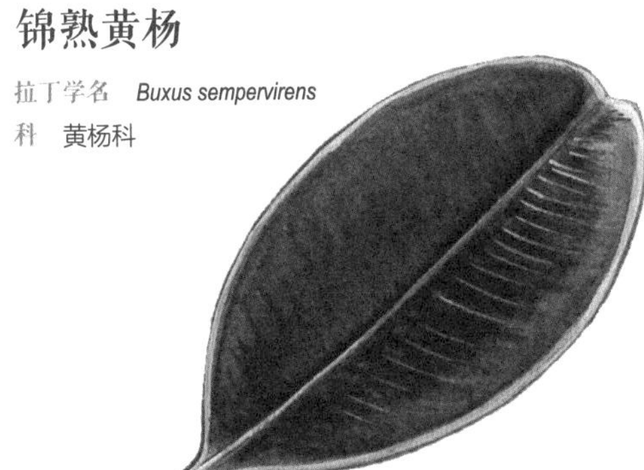

白果槲寄生

拉丁学名　*Viscum album*

科　桑寄生科

西洋接骨木

拉丁学名　*Sambucus nigra*

科　忍冬科

北美乔柏

拉丁学名　*Thuja plicata*

科　柏科

葡萄

拉丁学名 *Vitis vinifera*

科 葡萄科

欧洲山杨

拉丁学名 *Populus tremula*

科 杨柳科

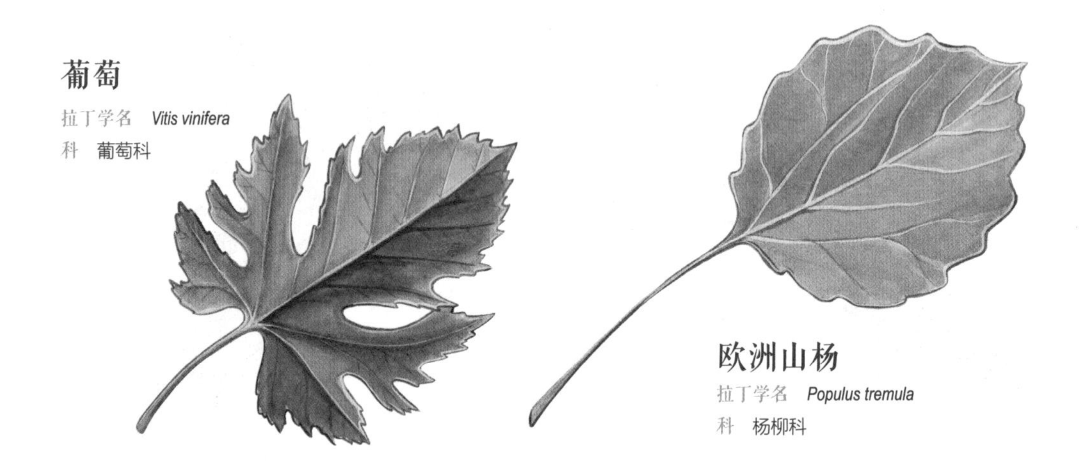

胡桃

拉丁学名 *Juglans regia*

科 胡桃科

桃

拉丁学名 *Prunus persica*

科 蔷薇科

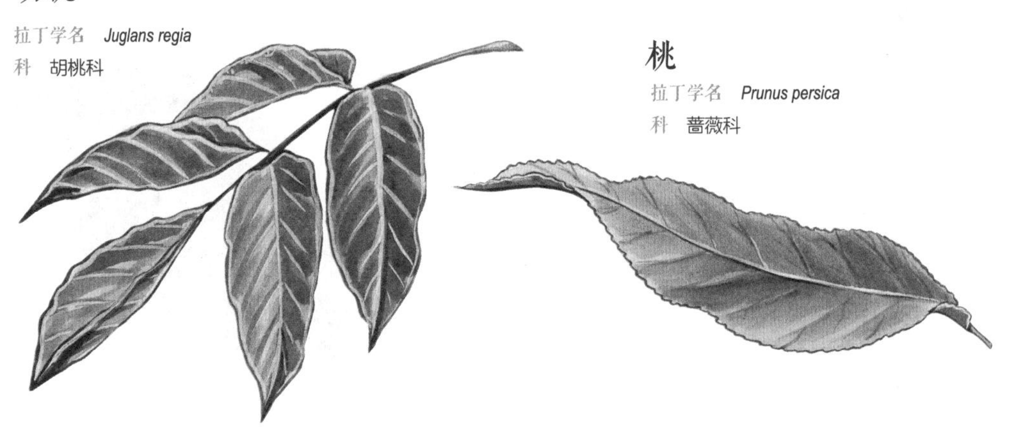

欧洲女贞

拉丁学名 *Ligustrum vulgare*

科 木樨科

蓝桉

拉丁学名 *Eucalyptus globulus*

科 桃金娘科

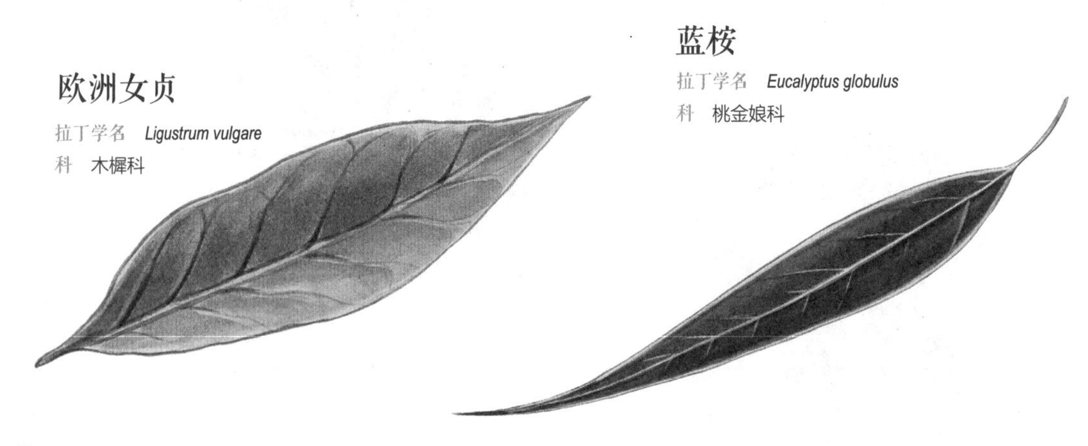

你的专属页面

图书在版编目（CIP）数据

我的半小时自然时光 ：全2册 /（法）妮科尔·比斯塔雷著 ;（法）洛朗斯·巴尔绘 ; 丁月圆译. -- 北京 : 中国画报出版社, 2024.1

书名原文: L' herbier des fleurs; L' herbier des feuilles

ISBN 978-7-5146-2280-5

Ⅰ. ①我… Ⅱ. ①妮… ②洛… ③丁… Ⅲ. ①植物—儿童读物 Ⅳ. ①Q94-49

中国国家版本馆CIP数据核字(2023)第152905号

本书“植物的故事”栏目由李慧敏提供相关资料
本书知识部分由陈莹婷审校

我的半小时自然时光：全2册
［法］妮科尔·比斯塔雷 著　［法］洛朗斯·巴尔 绘　丁月圆 译

出 版 人：方允仲
责任编辑：郭翠青
助理编辑：王子木
责任印制：焦　洋

出版发行：中国画报出版社
地　　址：中国北京市海淀区车公庄西路33号
邮　　编：100048
发 行 部：010-88417418　010-68414683（传真）
总编室兼传真：010-88417359　版权部：010-88417359

开　　本：16开
印　　张：11
字　　数：98千字
版　　次：2024年1月第1版　2024年1月第1次印刷
印　　刷：河北朗祥印刷有限公司
书　　号：ISBN 978-7-5146-2280-5
定　　价：99.00元（全2册）